신기하고 재밌는
민물고기 도감

신기하고 재밌는
민물고기 도감

초판 인쇄 2025년 01월 05일
초판 발행 2025년 01월 11일

지은이 씨엘
펴낸이 진수진
펴낸곳 혜민BOOKS

주소 경기도 고양시 일산서구 대산로 53
출판등록 2013년 5월 30일 제2013-000078호
전화 031-911-3416
팩스 031-911-3417

신기하고 재밌는

민물고기
도감

글 · 그림 **씨엘**

차례

가는돌고기

우리나라 고유의 토종 민물고기입니다. 한강과 임진강 상류를 중심으로 물이 맑고 물살이 세지 않으며, 강바닥에 큼지막한 돌이 많이 깔린 곳에 서식하지요. 멸종 위기 야생생물 2급으로 지정해 보호하고 있습니다. 가는돌고기는 몸길이 8~11센티미터까지 자라납니다. 가늘고 기다란 몸에, 머리와 눈이 작은 편이지요. 주둥이는 짧고 뾰족한 형태이며, 1쌍의 입수염을 가졌습니다. 또한 몸 중앙에 1개의 등지느러미가 있고, 맞은편에 배지느러미가 위치하지요. 앞뒤의 몸높이가 거의 같은 까닭에 몸에 비해 매우 두툼한 꼬리자루도 눈에 띄는 특징입니다. 가는돌고기의 몸 색깔은 전체적으로 갈색이며, 등과 배 부분의 농도 차이가 있을 뿐입니다. 아울러 주둥이 끝에서 꼬리지느러미가 시작되는 지점까지 검은색 줄무늬가 길게 이어져 있지요. 가는돌고기는 주로 작은 수생곤충과 부착조류를 먹고 사는 것으로 알려져 있습니다. 산란기는 5~6월로, 강물 속의 바위 밑 등에 알을 낳아놓지요.

분류	동물계 〉 척삭동물문 〉 경골어강 〉 잉어과	사는곳	한국	크기	몸길이 8~11센티미터
먹이	작은 수생곤충, 부착조류 등				

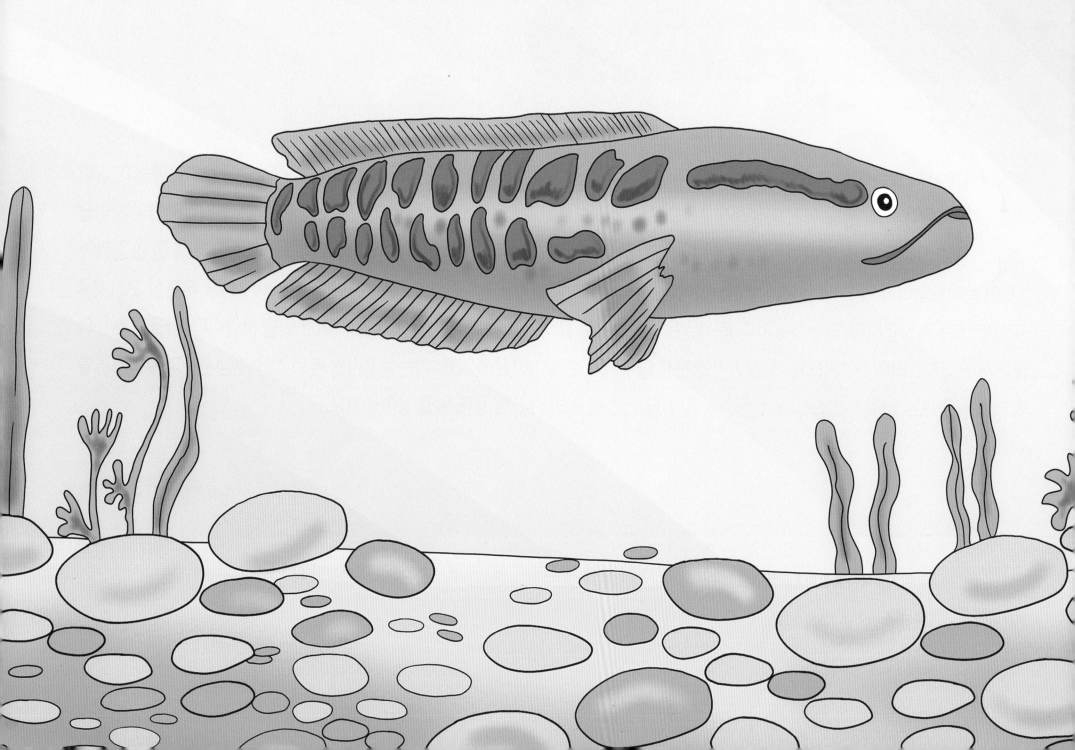

가물치

한국, 중국, 일본 등에 분포합니다. 주로 저수지, 늪, 물살이 세지 않은 하천 등에 서식하지요. 특히 진흙 바닥이라 물이 탁하고 물풀이 우거진 곳을 좋아합니다. 가물치란 이름에는 '검은 물고기'라는 의미가 담겨 있지요. 가물치는 몸길이 50~100센티미터까지 자라납니다. 몸무게도 5~8킬로그램에 이르러 민물고기 중에서는 대형 어류에 속하지요. 기다란 원통형 몸에 머리가 위아래로 납작하고, 꼬리자루 쪽은 옆으로 눌린 형태입니다. 또한 날카로운 이빨이 있는 커다란 입을 가졌고, 지느러미에 가시가 없지요. 몸 색깔은 전체적으로 어두운 갈색을 띠고, 배 부분은 희거나 노르스름합니다. 여기에 온몸에는 검은 반점이 불규칙하게 흩어져 있지요. 가물치는 여느 물고기처럼 아가미로 호흡할 뿐만 아니라 공기 호흡을 할 수 있는 보조 기관을 갖고 있습니다. 그래서 수질이 아주 나쁜 환경에서도 생존할 수 있지요. 주요 먹이는 작은 물고기, 미꾸라지, 지렁이, 개구리, 도롱뇽, 새우 등입니다. 산란기는 5~7월로, 번식력이 매우 뛰어난 물고기로 알려져 있습니다.

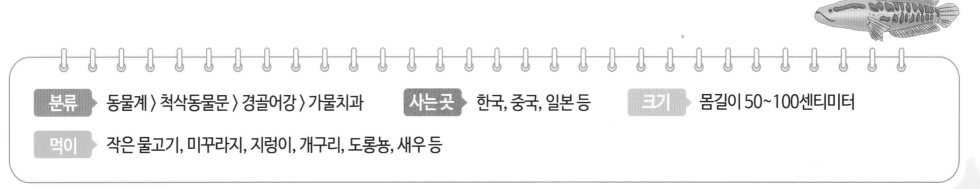

분류	동물계 〉 척삭동물문 〉 경골어강 〉 가물치과	사는곳	한국, 중국, 일본 등	크기	몸길이 50~100센티미터
먹이	작은 물고기, 미꾸라지, 지렁이, 개구리, 도롱뇽, 새우 등				

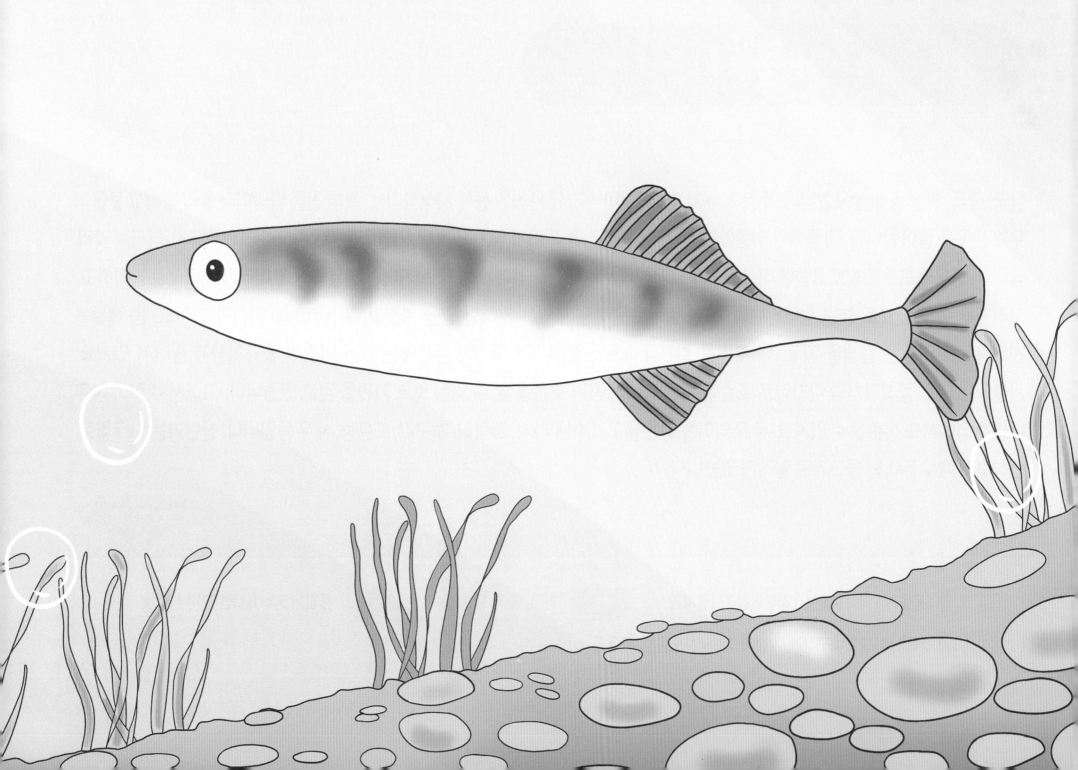

가시고기

한국, 일본, 중국, 러시아 등에 분포합니다. 주로 물풀이 많은 하천 중하류에 서식하지요. 현재 우리나라에서는 멸종 위기 야생생물 2급으로 지정해 보호하고 있습니다. 가시고기는 성체의 몸길이가 5~7센티미터에 불과한 소형 민물고기입니다. 몸이 길고 옆으로 납작한 형태이며, 아래턱이 위턱보다 약간 튀어나왔지요. 무엇보다 등지느러미 앞쪽에 날카로운 가시가 6~10개 솟아 있는 것이 큰 특징입니다. 배지느러미가 1쌍의 가시로 되어 있는 점도 개성적이며, 짧고 가느다란 꼬리자루 역시 눈길을 끌지요. 그 밖에 아가미 뚜껑 위에 어두운 반점이 보이기도 합니다. 몸 색깔은 등 쪽이 녹갈색을 띠고, 배 부분은 노란빛이 도는 은백색이지요. 가시고기의 주요 먹이는 수생곤충, 곤충의 유충, 실지렁이 등입니다. 산란기는 4~7월로, 수컷이 물풀 등을 이용해 산란장을 만든 뒤 암컷을 유인하지요. 수컷의 역할은 거기서 그치지 않고, 알이 부화해 치어가 독립할 때까지 곁에서 보호하는 습성이 있습니다.

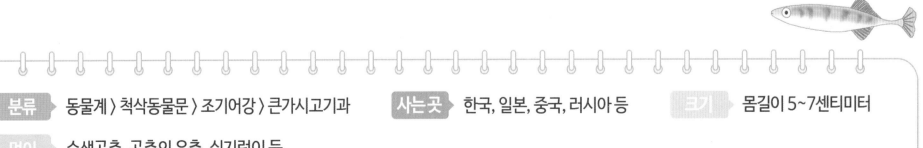

분류	동물계 〉 척삭동물문 〉 조기어강 〉 큰가시고기과	사는곳	한국, 일본, 중국, 러시아 등	크기	몸길이 5~7센티미터
먹이	수생곤충, 곤충의 유충, 실지렁이 등				

가시납지리

우리나라 고유의 토종 민물고기입니다. 주로 서해와 남해로 흘러드는 한강, 금강, 섬진강, 영산강 등에 분포하지요. 물살이 느리면서 하천 바닥에 진흙이 깔린 환경을 좋아합니다. 가시납지리는 몸길이 10~12센티미터까지 자라납니다. 타원형 몸이 옆으로 납작한 형태이며, 머리와 입이 작고 주둥이 끝이 갸름하지요. 입수염은 없습니다. 또한 옆줄이 잘 보이고, 몸 중앙에서 시작하는 1개의 커다란 등지느러미를 가졌지요. 그에 못지않게 꼬리지느러미와 뒷지느러미도 발달했습니다. 가시납지리의 몸 색깔은 전체적으로 광택이 나는 은백색이면서 등 부분에 푸르스름한 빛이 감돕니다. 여기에 몸 뒤쪽에 흑갈색의 줄무늬가 보이고, 아가미뚜껑 옆에는 반점이 있지요. 가시납지리의 주요 먹이는 부착조류를 비롯해 실지렁이, 새우 등입니다. 산란기는 4~6월로, 암컷이 산란관을 이용해 조개 안에 알을 낳지요. 그렇게 하면 부화할 때까지 단단한 조개껍데기 안에서 알이 보호받을 수 있기 때문입니다.

분류	동물계 〉 척삭동물문 〉 경골어강 〉 잉어과	사는곳	한국	크기	몸길이 10~12센티미터
먹이	부착조류, 실지렁이, 새우 등				

각시붕어

우리나라 고유의 토종 민물고기입니다. 주로 남한 지역의 하천에 분포하지요. 물 흐름이 완만하고 물풀이 많은 강과 저수지 등에 서식합니다. 각시붕어의 몸길이는 다 자라도 4~5센티미터밖에 안 되는 소형 어류입니다. 위아래 폭이 넓은 달걀형 몸이 옆으로 납작한 모습이지요. 머리와 입이 작고, 눈이 크며, 입수염은 없습니다. 옆줄은 불완전하고, 위턱이 아래턱보다 약간 튀어나왔지요. 몸 중앙에서 시작된 1개의 등지느러미는 폭이 넓은 편이며, 맞은편에 그 정도 크기의 뒷지느러미가 위치합니다. 그에 비해 배지느러미와 가슴지느러미는 작지요. 꼬리지느러미는 두 갈래로 갈라져 발달했고요. 각시붕어의 몸 색깔은 등 쪽이 푸른빛이 도는 회갈색이고, 배 부분은 은백색에 가깝습니다. 아가미뚜껑 뒤에는 눈동자 크기만한 어두운 반점이 보이지요. 각시붕어의 주요 먹이는 돌멩이에 붙어 자라는 부착조류와 동물성 플랑크톤 등입니다. 산란기는 4~6월로, 암컷이 산란관을 이용해 조개의 몸속에 알을 낳지요. 부화 후 1년만 지나면 완전한 성체가 됩니다.

분류	동물계 〉 척삭동물문 〉 경골어강 〉 잉어과	사는곳	한국	크기	몸길이 4~5센티미터
먹이	부착조류, 동물성 플랑크톤 등				

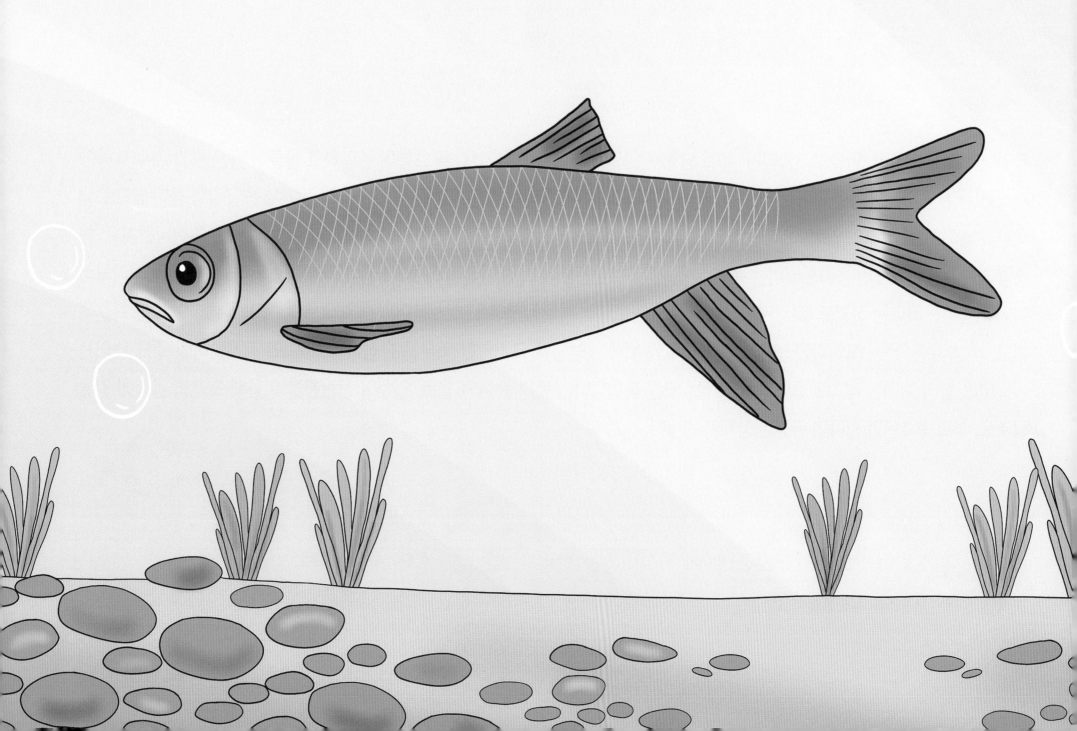

갈겨니

한국, 일본, 중국의 하천에 분포합니다. 수질 오염에 약해 1급수나 2급수 환경이 아니면 생존하지 못하지요. 그래서 주로 하천의 중상류나 물이 맑은 계곡에 서식합니다. 갈겨니는 몸길이 15~20센티미터까지 성장합니다. 얼핏 피라미와 비슷하게 생겼는데, 그보다 머리와 몸이 좀 더 크지요. 기다란 타원형 몸에 눈도 크고, 주둥이는 짧으며, 입수염이 없습니다. 또한 몸 중앙에 1개의 등지느러미가 있고, 뒷지느러미가 발달했으며, 옆구리에는 어두운 줄무늬가 보이지요. 몸 색깔은 등 쪽이 청갈색이고, 배 부분은 은백색을 띕니다. 갈겨니의 주요 먹이는 곤충의 유충과 수생곤충입니다. 수생곤충이란 물장군, 물거미, 게아재비, 소금쟁이, 물빈대 등을 일컫지요. 산란기는 5~7월로, 물이 느리게 흐르는 자갈이나 모래 바닥에 알을 낳습니다. 산란기의 수컷은 화려한 혼인색을 띠어 암컷의 눈길을 사로잡지요. 갈겨니는 '갈견이', '눈검정이'라고도 합니다.

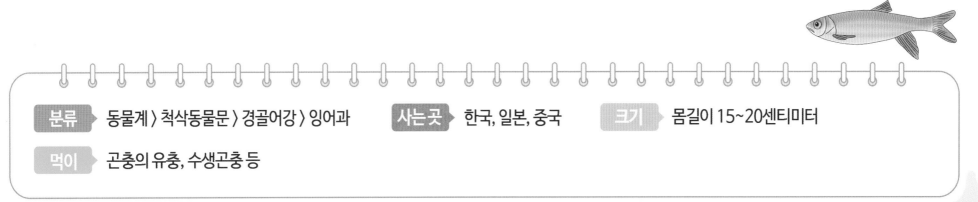

분류	동물계 〉 척삭동물문 〉 경골어강 〉 잉어과	사는곳	한국, 일본, 중국	크기	몸길이 15~20센티미터
먹이	곤충의 유충, 수생곤충 등				

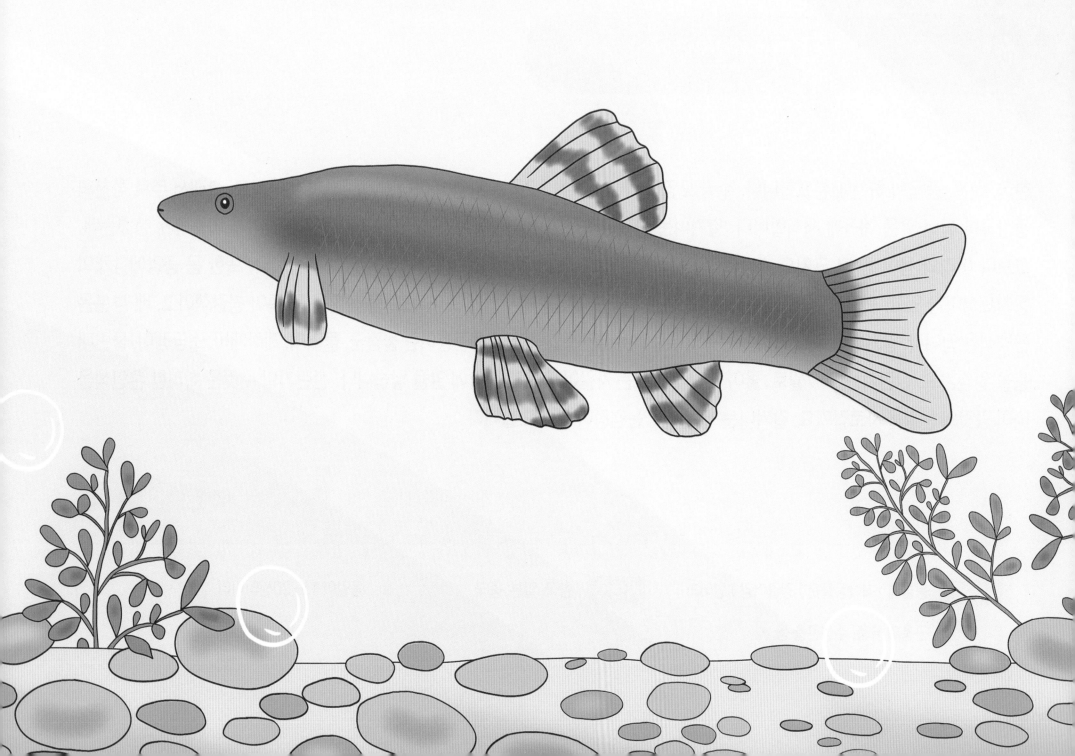

감돌고기

우리나라 고유의 토종 민물고기입니다. 맑은 물이 빠르게 흐르고 바닥에 자갈이 많은 하천 중상류에 서식하지요. 이름에서 '감'은 '검다'를 의미합니다. 그러니까 검은 돌고기라는 뜻인데, 돌고기보다 비늘 색깔이 상대적으로 어둡기 때문에 붙여진 것입니다. 감돌고기는 대체로 몸길이 7~10센티미터까지 자라납니다. 몸이 길고 옆으로 납작한 형태면서, 작은 원뿔형 머리를 가졌지요. 또한 위아래로 납작한 주둥이가 약간 기다란 모습입니다. 1쌍의 입수염이 있으나 무척 짧고, 몸 중앙에 커다란 1개의 등지느러미가 있지요. 그 맞은편에 배지느러미가 위치하는데, 가슴지느러미를 제외한 모든 지느러미에는 검은 무늬가 나타납니다. 감돌고기의 몸 색깔은 전체적으로 흑갈색을 띱니다. 여기에 옆줄을 따라 검은 줄무늬가 뚜렷하게 보이지요. 아울러 온몸에 거무스름한 반점들도 흩어져 있습니다. 주요 먹이는 곤충의 유충, 수생곤충, 돌에 붙어 자라는 조류 등이지요. 보통 10마리 이상 무리를 지어 생활하며 4~7월 중에 알을 낳습니다. 현재 멸종 위기 야생생물 1급 보호종입니다.

분류	동물계 〉 척삭동물문 〉 경골어강 〉 잉어과	사는곳	한국	크기	몸길이 7~10센티미터
먹이	곤충의 유충, 수생곤충, 부착조류 등				

강준치

한국, 중국, 대만 등에 분포합니다. 주로 수심이 깊고 물살이 완만한 강에 서식하는데, 물이 아주 깨끗하지 않아도 잘 생존하지요. 다른 이름으로 '백어', '우레기'라고도 합니다. 강준치는 보통 몸길이 40~50센티미터까지 성장합니다. 하지만 큰 개체는 80~100 센티미터에 이르기도 하지요. 길쭉한 방추형 몸이 옆으로 납작하며, 머리가 작고 주둥이가 뾰족한 편입니다. 위턱보다 아래턱이 많이 튀어나왔고, 입수염은 없지요. 또한 둥글고 얇은 비늘이 온몸을 덮고 있으며, 배지느러미부터 항문까지 가장자리 부분이 칼날 같은 돌기인 융기연이 보입니다. 몸 중앙에는 1개의 등지느러미가 있고, 두 갈래로 갈라진 꼬리지느러미가 잘 발달했지요. 강준치의 몸 색깔은 전체적으로 광택이 나는 은백색입니다. 여기에 등 쪽에는 푸른빛이 돌고, 배 부분은 흰색에 가깝지요. 육식성 어류로 작은 물고기와 수생곤충, 새우, 게 등을 즐겨 잡아먹습니다. 산란기는 5~7월로, 물풀에 붙이는 방식으로 알을 낳지요.

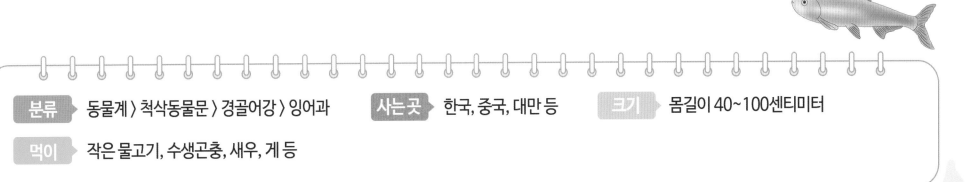

분류	동물계 〉 척삭동물문 〉 경골어강 〉 잉어과	사는곳	한국, 중국, 대만 등	크기	몸길이 40~100센티미터
먹이	작은 물고기, 수생곤충, 새우, 게 등				

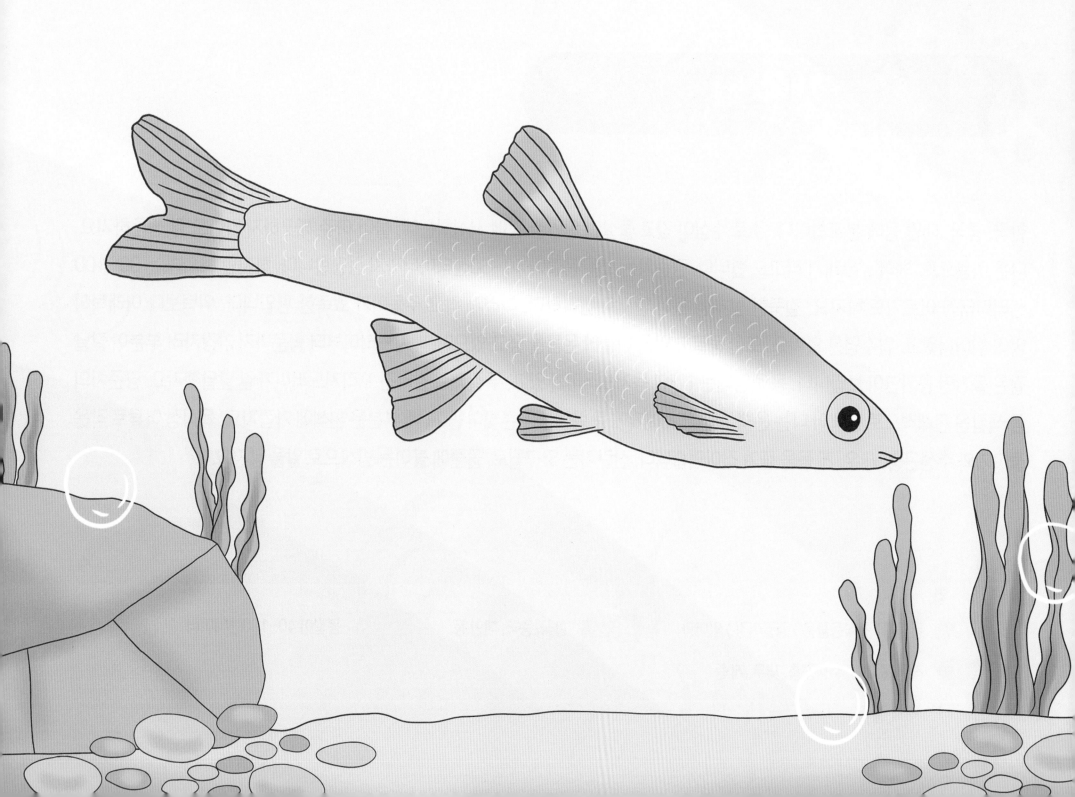

금강모치

우리나라 고유의 토종 민물고기입니다. 금강, 한강, 압록강, 대동강 등에 분포하지요. 물이 아주 맑고 수온이 낮으며, 바닥에 자갈이 깔린 환경을 좋아합니다. 금강모치는 몸길이 7~9센티미터까지 자라는 소형 어종입니다. 가늘고 기다란 원통형 몸이 옆으로 약간 납작하지요. 또한 몸에 비해 눈이 크고, 주둥이가 뾰족하며, 위턱이 아래턱보다 조금 튀어나왔습니다. 비늘은 제법 크고, 뚜렷한 옆줄을 가졌지요. 입수염은 없습니다. 몸의 가운데쯤에서 삼각형에 가까운 1개의 등지느러미가 시작되고, 뒷지느러미도 그와 비슷한 모양입니다. 특히 기다란 꼬리자루에, 잘 발달한 꼬리지느러미가 눈길을 사로잡지요. 금강모치의 몸 색깔은 등 쪽이 황갈색이고, 배 부분은 은백색을 띱니다. 여기에 등을 중심으로 작고 검은 반점이 흩어져 있으며, 몸을 가로질러 2개의 주황색 줄무늬가 보이지요. 주요 먹이는 작은 수생곤충과 곤충의 유충, 민물새우 등입니다. 산란기는 4~5월로, 여울의 자갈 밑 등으로 파고들어가 알을 낳고 수정을 하지요.

분류 ▶ 동물계 〉 척삭동물문 〉 경골어강 〉 잉어과   **사는곳** ▶ 한국   **크기** ▶ 몸길이 7~9센티미터

먹이 ▶ 작은 수생곤충, 곤충의 유충, 민물새우 등

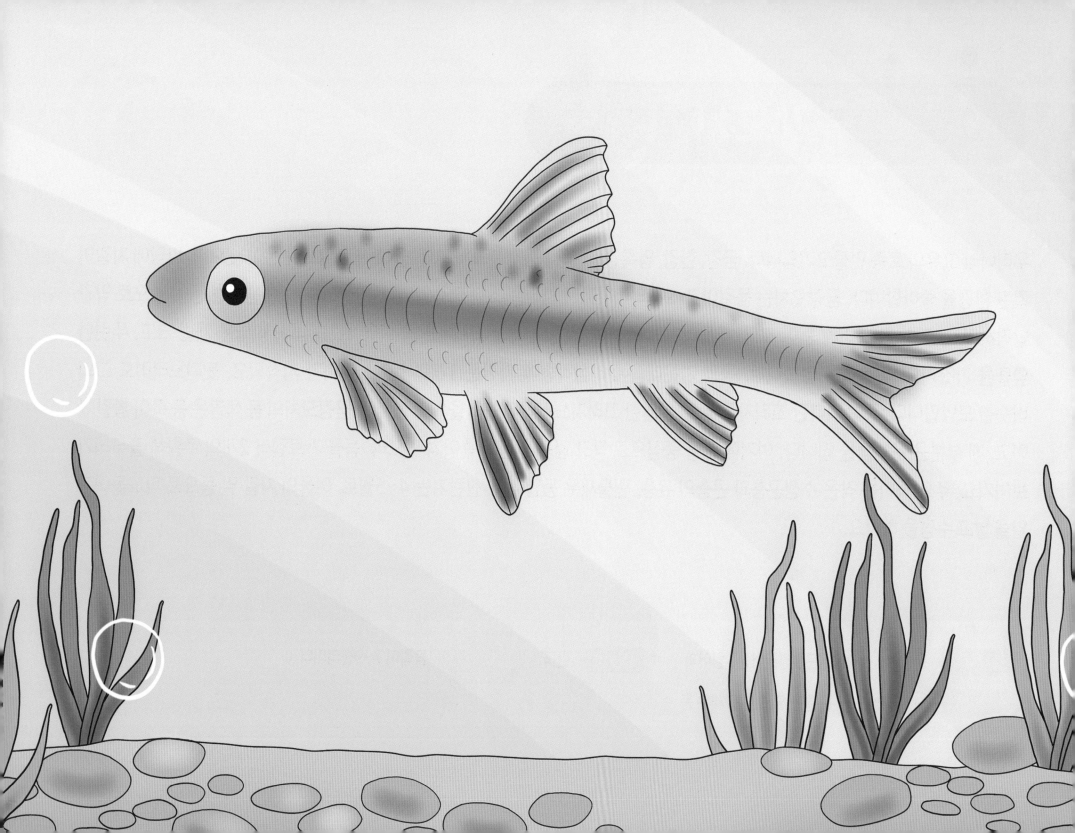

긴몰개

우리나라 고유의 토종 민물고기입니다. 전국의 하천에 폭넓게 분포하지요. 물 흐름이 느리고 물풀이 우거진 강과 호수, 늪 등에 주로 서식합니다. 대부분 무리지어 다니며 먹이 활동을 하는 습성을 가졌지요. 긴몰개의 몸길이는 7~10센티미터까지 자라납니다. 길쭉한 원통형 몸이 옆으로 약간 납작한 형태지요. 몰개와 달리 배 부분이 볼록하지 않은 점이 눈에 띕니다. 그 밖에 긴몰개는 몸에 비해 눈이 크고, 주둥이 끝이 뾰족하며, 1쌍의 입수염을 가졌습니다. 아가미구멍이 넓고, 비늘이 제법 크며, 옆줄이 뚜렷한 것도 개성적이지요. 또한 몸 중앙에 1개의 등지느러미가 발달했고, 맞은편에 배지느러미가 위치합니다. 꼬리지느러미는 가운데가 깊이 갈라져 두 갈래로 나뉜 모습이지요. 긴몰개의 몸 색깔은 전체적으로 은백색을 띠는데, 등 쪽의 농도가 배 부분보다 짙습니다. 주요 먹이는 수생곤충, 민물새우, 실지렁이 등이지요. 산란기는 5~6월로, 암컷은 물풀이 많은 곳에 알을 붙여놓습니다. 부화 후 3년쯤 지나야 완전한 성체가 됩니다.

분류	동물계 〉 척삭동물문 〉 경골어강 〉 잉어과	사는곳	한국	크기	몸길이 7~10센티미터
먹이	수생곤충, 민물새우, 실지렁이 등				

꺽저기

한국과 일본에만 분포합니다. 물이 천천히 흐르는 강이나 호수 등에 서식하지요. 바닥에 모래와 자갈이 깔려 있고 물풀이 많은 곳을 좋아합니다. 꺽지와 비슷하게 생겼지만, 그보다 몸이 작지요. 멸종 위기 야생생물 2급으로 지정되어 있습니다. 꺽저기는 몸길이 11~14센티미터까지 성장합니다. 위아래 폭이 넓은 방추형 몸이 옆으로 눌린 모습이며, 몸에 비해 머리와 입이 큰 편이지요. 또한 등지느러미가 발달했는데, 절반은 가시가 솟은 형태이고 나머지 절반은 부드러운 살의 형태입니다. 뒷지느러미도 그와 닮은 구조이고요. 아가미뚜껑 뒤쪽에 눈 모양의 청록색 반점이 있는 것도 개성적입니다. 몸 색깔은 전체적으로 연둣빛이 도는 갈색을 띠지요. 여기에 옆구리를 중심으로 10줄 남짓한 어두운 줄무늬가 보입니다. 꺽저기의 주요 먹이는 수생곤충, 곤충의 유충 등입니다. 산란기는 5~6월로, 물풀에 붙여놓는 방식으로 알을 낳지요. 꺽저기의 수컷은 알이 부화할 때까지 곁을 지키면서 보호하는 역할을 합니다.

분류	동물계 〉 척삭동물문 〉 경골어강 〉 꺽지과	사는곳	한국, 일본	크기	몸길이 11~14센티미터
먹이	수생곤충, 곤충의 유충 등				

꺽정이

한국과 중국에 분포합니다. 바닥에 자갈이나 모래가 깔린 하천 중·하류에 서식하지요. 대개 단독생활을 하면서 야간에 먹이 활동을 합니다. 우리나라의 경우 서해와 남해로 흘러가는 한강과 대동강 같은 하천에서 많은 개체를 볼 수 있습니다. 꺽정이는 몸길이 15~18센티미터까지 자라납니다. 방망이처럼 기다란 유선형 몸이 옆으로 약간 납작하며, 아가미뚜껑에 4개의 가시가 있지요. 또한 입이 크고, 각 지느러미들이 발달한 것도 개성 있는 모습입니다. 몸 색깔은 전체적으로 회갈색을 띠는데, 몸통에는 폭이 넓은 3~4개의 흑갈색 띠가 나타나 있지요. 그 밖에도 몸 곳곳에 얼룩무늬가 보입니다. 다만 배 쪽의 몸 색깔은 회갈색보다 연한 노란색에 가깝지요. 꺽정이의 주요 먹이는 하천 바닥에 사는 새우, 가재, 작은 물고기 등입니다. 산란기는 2~3월로, 암컷이 조개껍데기 안쪽에 알을 낳으면 치어가 부화할 때까지 수컷이 보호하지요. 꺽정이의 번식은 많은 어류가 그렇듯 체외 수정을 통해 이루어집니다.

분류	동물계 〉 척삭동물문 〉 경골어강 〉 둑중개과	사는곳	한국, 중국	크기	몸길이 15~18센티미터
먹이	새우, 가재, 작은 물고기 등				

꺽지

우리나라 고유의 토종 민물고기입니다. 전국의 하천에 폭넓게 분포하지요. 물이 맑고 바닥에 자갈이 깔린 하천 중·상류의 환경을 좋아합니다. 야행성 물고기로, 낮에는 자갈 사이에 몸을 숨겼다가 밤이 되면 먹이 활동을 하지요. 꺽지는 몸길이 15~25센티미터까지 자라납니다. 위아래 폭이 넓은 방추형 몸이 옆으로 납작한 형태지요. 몸에 비해 머리와 입이 크며, 주둥이 끝이 뾰족한 모습입니다. 또한 아가미구멍 뒤쪽에서 시작되는 등지느러미가 길게 이어져 있고, 두툼한 꼬리자루에 둥근 부채 모양의 꼬리지느러미가 발달했지요. 역시 부채꼴인 가슴지느러미도 제법 커다랗습니다. 배지느러미와 뒷지느러미 역시 눈에 잘 띄고요. 꺽지의 몸 색깔은 전체적으로 회갈색을 띠면서 7~8개의 짙고 넓은 줄무늬가 보입니다. 아가미에 있는 푸른색 반점도 개성적인 모습이지요. 꺽지의 주요 먹이는 작은 물고기와 수생곤충, 민물새우 등입니다. 산란기는 5~6월로, 암컷이 자갈 바닥에 붙여놓는 방식으로 알을 낳지요. 수컷은 수정된 알을 지키는 습성이 있습니다.

분류	동물계 〉 척삭동물문 〉 경골어강 〉 꺽지과	사는곳	한국	크기	몸길이 15~25센티미터
먹이	작은 물고기, 수생곤충, 민물새우 등				

꼬치동자개

우리나라 고유의 토종 민물고기입니다. 낙동강 상류를 중심으로 한강, 금강 등에 분포하지요. 큼지막한 자갈이 많이 깔려 있는 맑은 물을 좋아합니다. 요즘은 개체 수가 부쩍 줄어든데다 야행성이라 낮에는 모습을 잘 볼 수 없지요. 천연기념물 제455호와 멸종 위기 야생생물 1급으로 지정해 보호하고 있습니다. 꼬치동자개는 몸길이 6~9센티미터까지 자라는 소형 민물고기입니다. 옆으로 눌린 가느다란 원통형 몸에 머리가 위아래로 납작하며, 폭이 넓고 둥근 주둥이를 가졌지요. 또한 입 주변에 4쌍의 수염이 있고, 몸에 비늘이 없으며, 기름지느러미를 가졌습니다. 몸의 3분의 1 지점에서 시작되는 1개의 등지느러미도 발달한 모습이지요. 꼬치동자개의 몸 색깔은 황갈색 바탕에 노란 줄무늬가 불연속적으로 나타나 있습니다. 각 지느러미에는 이렇다 한 무늬가 보이지 않지요. 꼬치동자개의 주요 먹이는 수생곤충, 새우, 물고기 알, 곤충의 유충 등입니다. 산란기는 5~7월로, 암컷 한 마리가 낳는 알의 수가 200~250개 정도밖에 되지 않습니다.

분류	동물계 〉 척삭동물문 〉 경골어강 〉 동자개과	사는곳	한국	크기	몸길이 6~9센티미터
먹이	수생곤충, 새우, 물고기 알, 곤충의 유충 등				

꾸구리

우리나라 고유의 토종 민물고기입니다. 물이 맑고 바닥에 자갈이 깔린 하천 상류에 서식하지요. 주로 한강, 금강, 임진강 등에 분포합니다. 멸종 위기 야생생물 2급 보호종입니다. 꾸구리는 몸길이 7~12센티미터까지 성장합니다. 앞쪽이 굵고 뒤쪽이 홀쭉한 원통형 몸에, 주변의 밝기에 따라 동공의 크기가 변하는 눈을 가졌지요. 또한 입이 반원 모양이며, 4쌍의 입수염이 있고, 거의 일직선으로 뻗은 옆줄이 보입니다. 몸 중앙에는 1개의 등지느러미가 발달했고, 맞은편에 그보다 작은 배지느러미가 위치하지요. 가슴지느러미와 뒷지느러미의 크기도 배지느러미와 비슷합니다. 꾸구리의 몸 색깔은 전체적으로 붉은빛이 도는 갈색입니다. 여기에 등지느러미와 꼬리지느러미 사이의 옆구리에 짙은 갈색 무늬가 3줄 나타나 있지요. 산란기는 5~6월인데, 이때가 되면 암컷의 몸은 밝은 갈색이 되고 수컷은 좀 더 어두운 갈색을 띱니다. 주요 먹이는 수생곤충, 실지렁이 등이지요.

분류 ▶ 동물계 〉 척삭동물문 〉 경골어강 〉 잉어과   **사는곳** 한국   **크기** 몸길이 7~12센티미터

먹이 ▶ 수생곤충, 실지렁이 등

끄리

한국, 중국, 대만 등에 분포합니다. 주로 큰 강의 하류와 호수, 저수지 등에 서식하지요. 활동성이 매우 강한 민물고기로 알려져 있습니다. 끄리는 겉모습이 피라미와 닮았으나 그보다 몸집이 훨씬 커다랗습니다. 성체의 몸길이가 30~40센티미터나 되지요. 기다란 몸이 옆으로 납작하며, 눈이 작고 입이 큰 편입니다. 입수염은 없고, 몸 중앙에 1개의 등지느러미가 있지요. 그와 맞은편에 배지느러미가 위치합니다. 옆줄은 뚜렷하면서 배 아래쪽으로 휘어진 모습이고요. 몸 색깔은 등 쪽이 푸른빛이 도는 짙은 갈색이고, 배 부분은 은백색을 띠지요. 끄리의 주요 먹이는 작은 물고기, 수생곤충, 민물새우, 수생식물 등입니다. 산란기는 5~6월로, 3년 이상 자라야 성체가 되지요. 산란기의 수컷은 배와 지느러미가 주황빛을 띠는 등 색다른 모습으로 변신합니다.

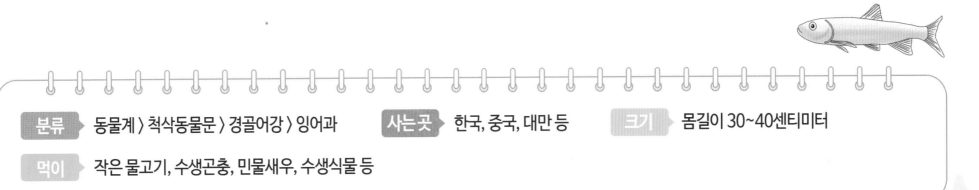

분류 동물계 〉 척삭동물문 〉 경골어강 〉 잉어과   **사는곳** 한국, 중국, 대만 등   **크기** 몸길이 30~40센티미터

먹이 작은 물고기, 수생곤충, 민물새우, 수생식물 등

나일틸라피아

원래 아프리카 대륙이 원산지이지만, 양식을 목적으로 세계 각지에 보급되었습니다. 지금은 우리나라 일부 지역에도 서식해 '역돔'으로 불리고는 하지요. 대체로 수온이 20도가 넘는 따뜻한 물을 좋아합니다. 나일틸라피아는 몸길이 40~65센티미터까지 성장합니다. 기다란 타원형 몸이 옆으로 약간 눌린 모습이며, 머리 위에서 주둥이로 이어지는 선이 급경사를 이루지요. 주둥이는 뾰족한 편이고, 아가미뚜껑 위에서부터 꼬리자루까지 등지느러미가 길게 형성되어 있습니다. 또한 배지느러미에 비해 잘 발달된 뒷지느러미와 두툼한 꼬리자루도 눈길을 끌지요. 나일틸라피아의 주요 먹이는 작은 물고기를 비롯해 수생곤충, 수생식물 등입니다. 물 속 돌멩이에 붙어 자라는 조류도 즐겨 뜯어먹지요. 주로 수온이 올라가는 여름철에 산란하는데, 암컷이 부화한 치어를 10여 일 정도 입 속에 넣고 보호하는 습성이 있습니다. 평균 수명은 6~8년으로 알려져 있지요.

분류 동물계 > 척삭동물문 > 경골어강 > 시클리드과   **사는곳** 아프리카 등   **크기** 몸길이 40~65센티미터

먹이 작은 물고기, 수생곤충, 수생식물 등

납자루

동아시아와 유럽 중부 지역에 분포합니다. 주로 물이 맑고 물풀이 우거진 곳에 서식하지요. 수심이 깊지 않고 바닥에 자갈이 많이 깔린 하천을 좋아합니다. 납자루는 몸길이 5~9센티미터까지 자라는 작은 민물고기입니다. 방추형 몸이 옆으로 납작하며, 둥근 주둥이에 1쌍의 입수염을 가졌지요. 몸 중앙에서 시작하는 1개의 등지느러미와, 그보다 조금 작은 뒷지느러미도 눈에 띕니다. 또한 꼬리자루가 가는 편이고, 꼬리지느러미는 두 갈래로 갈라져 있지요. 몸 색깔은 등 부분이 푸른빛이 도는 연한 갈색, 배 쪽은 은백색을 띱니다. 산란기가 되면 수컷의 등 부분에 광택이 나고 배는 분홍빛을 보이지요. 납자루의 산란기는 4~6월인데, 그 방식이 아주 독특합니다. 암컷이 긴 산란관을 조개 안에 넣어 알을 낳거든요. 그러면 천적으로부터 알을 보호할 수 있기 때문입니다. 얼마 후 그 속에서 부화한 치어는 조개가 물을 뿜어낼 때 재빨리 밖으로 빠져나오지요. 납자루의 주요 먹이는 작은 수생곤충과 돌에 붙어 자라는 조류 등입니다.

분류 ▶ 동물계 〉 척삭동물문 〉 경골어강 〉 잉어과   **사는곳** ▶ 동아시아 및 유럽 중부   **크기** ▶ 몸길이 5~9센티미터

먹이 ▶ 작은 수생곤충, 돌에 붙어 자라는 조류 등

누치

한국, 일본, 중국 등에 분포합니다. 물이 맑은 큰 강의 상류에 주로 서식하지요. 강바닥에 자갈이나 모래가 깔린 곳을 좋아합니다. 다른 이름으로 '눌어', '눕치'라고도 부르지요. 누치는 대체로 30~60센티미터까지 자라납니다. 얼핏 잉어와 닮았는데, 그보다 머리 모양이 날렵하고 등지느러미에 억센 가시가 하나 있는 점이 다르지요. 그 밖에 눈이 큰 편이고, 1쌍의 입수염이 있으며, 몸에는 둥글고 큰 비늘이 덮여 있습니다. 또한 옆줄이 가슴지느러미 부분을 넘지 못해 별로 눈에 띄지 않지요. 무엇보다 머리 위에서 주둥이 끝까지의 경사가 빠르게 기울어진 모습이 개성적입니다. 누치의 몸 색깔은 전체적으로 은백색을 띱니다. 다만 등 부분이 어둡고 배 쪽은 흰색에 가깝지요. 여기에 옆구리 중앙에 몇 개의 반점이 보이기도 합니다. 주요 먹이는 곤충의 유충, 실지렁이, 수생곤충, 새우, 돌에 붙어 자라는 조류 등이지요. 산란기는 5~7월로, 여러 개씩 알을 뭉쳐 강바닥에 낳습니다. 2년 정도 자라야 10센티미터 안팎에 이를 만큼 성장 속도가 빠른 편은 아니지요.

분류	동물계 〉 척삭동물문 〉 경골어강 〉 잉어과	사는곳	한국, 일본, 중국 등	크기	몸길이 30~60센티미터
먹이	곤충의 유충, 실지렁이, 수생곤충, 새우, 조류 등				

눈동자개

우리나라 고유의 토종 민물고기입니다. 주로 섬진강 등 서해로 흘러드는 하천에 분포하지요. 물이 맑고 바닥에 모래와 진흙이 깔린 환경을 좋아합니다. 일부 지역에서는 동자개와 구분하지 않은 채 '빠가사리'라는 이름으로 부르기도 하지요. 눈동자개는 몸길이 20~30센티미터까지 자라납니다. 기다란 원통형 몸에, 옆줄이 뚜렷하고 비늘이 없지요. 주둥이 끝은 둥글고, 아래턱보다 위턱이 약간 튀어나왔으며, 4쌍의 입수염을 가졌습니다. 또한 등지느러미는 아가미와 가까운 곳에 있고, 배지느러미는 그보다 훨씬 뒤쪽에 위치하지요. 가슴지느러미에는 톱니 같은 모양이 보이고, 꼬리지느러미는 가운데가 아주 살짝 파인 모양입니다. 눈동자개의 몸 색깔은 전체적으로 짙은 황갈색을 띱니다. 등 부분의 농도가 배 쪽에 비해 진할 뿐이지요. 눈동자개는 동물성 먹이를 좋아해, 작은 물고기와 수생곤충 등을 즐겨 잡아먹습니다. 산란기는 5~6월로, 여러 마리가 함께 움직이며 하천 바닥에 웅덩이를 파 알을 낳지요.

분류	동물계 〉 척삭동물문 〉 경골어강 〉 동자개과	사는곳	한국	크기	몸길이 20~30센티미터
먹이	작은 물고기, 수생곤충 등				

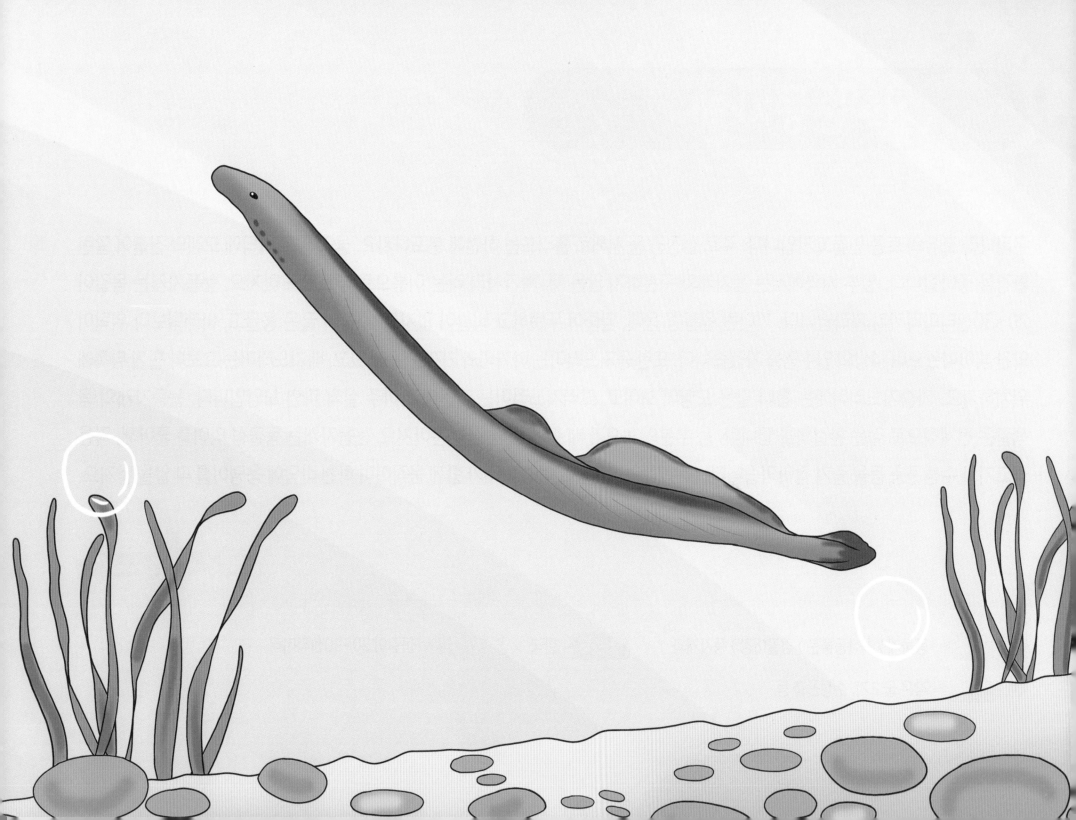

다묵장어

한국, 중국, 일본, 러시아 등에 분포합니다. 우리나라의 경우는 주로 남한 지역의 하천에 서식하지요. 일평생 민물에서만 살아가는 물고기로, 물살이 세지 않으면서 하천 바닥에 모래와 진흙이 풍부한 곳을 좋아합니다. 멸종 위기 야생생물 2급 보호종이지요. 다묵장어는 몸길이 14~20센티미터까지 성장합니다. 장어답게 가늘고 기다란 원통형 몸을 가졌지요. 턱 없는 입이 둥근 빨판 형태로 되어 있으며, 머리 옆쪽으로 7쌍의 아가미구멍이 보입니다. 또한 가슴지느러미와 배지느러미가 없고, 꼬리 쪽으로 2개의 등지느러미와 뒷지느러미가 발달했지요. 단, 뒷지느러미는 암컷만 갖고 있습니다. 더불어 비늘 없이 미끄러운 피부도 개성적인 특징 중 하나지요. 다묵장어의 몸 색깔은 전체적으로 갈색을 띠는데, 배 부분은 흰색에 가깝습니다. 갈색의 농도는 서식 환경에 따라 달라지지요. 주요 먹이는 작은 물고기, 수생곤충, 실지렁이, 새우 등입니다. 산란기는 4~6월로, 번식 행위를 마친 성체는 곧 죽음을 맞지요. 평균 수명은 4년입니다.

분류	동물계 〉 척삭동물문 〉 두갑강 〉 칠성장어과	사는곳	한국, 중국, 일본, 러시아 등	크기	몸길이 14~20센티미터
먹이	작은 물고기, 수생곤충, 실지렁이, 새우 등				

대농갱이

한국과 중국에 분포합니다. 물이 맑고 바닥이 모래나 진흙으로 된 하천 중·하류에 서식하지요. 한강을 비롯해 압록강, 대동강 등 북쪽 지역 하천에서 주로 발견되지만 최근 들어 개체 수가 급격히 줄어들었습니다. 대농갱이의 몸길이는 20~30센티미터까지 자라납니다. 가늘고 긴 원통형 몸이 옆으로 약간 납작한 형태지요. 다만 머리 부분은 위아래로 눌린 모습입니다. 그에 따라 주둥이도 위아래로 납작하고 폭이 넓지요. 입 둘레에는 4쌍의 입수염이 있고, 아가미구멍이 넓으며, 옆줄이 뚜렷합니다. 1개의 등지느러미는 몸 앞쪽에 위치하고, 낮고 기다란 기름지느러미도 보이지요. 아울러 단단한 가슴지느러미가시를 이용해 마찰음을 내는 습성도 가졌습니다. 대농갱이의 몸 색깔은 전체적으로 짙은 황갈색을 띱니다. 배 부분에 비해 등 쪽의 농도가 짙지요. 여기에 몸에는 불규칙한 반점이 흩어져 있습니다. 대농갱이의 주요 먹이는 작은 물고기, 수생곤충, 곤충의 유충, 민물새우 등입니다. 산란기는 5~6월로 알려져 있습니다.

분류	동물계 〉 척삭동물문 〉 경골어강 〉 동자개과	사는곳	한국, 중국	크기	몸길이 20~30센티미터
먹이	작은 물고기, 수생곤충, 곤충의 유충, 민물새우 등				

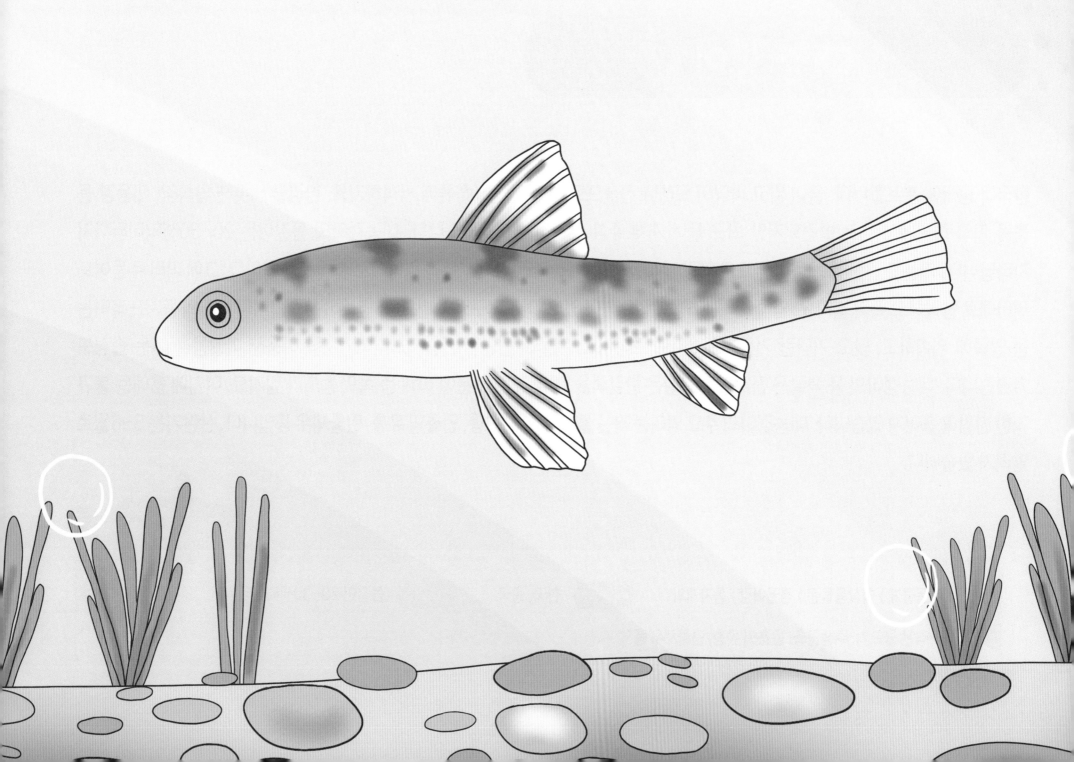

돌마자

우리나라 고유의 토종 민물고기입니다. 낙동강, 남강, 영산강, 압록강 등에 서식하지요. 물이 맑고 바닥에 모래와 자갈이 깔린 곳을 좋아합니다. '돌매자', '돌모래무지' 등의 이름으로도 불리지요. 돌마자는 몸길이 5~9센티미터까지 자라납니다. 길쭉한 원통형 몸이 꼬리자루로 갈수록 납작해지지요. 주둥이가 짧고, 1쌍의 입수염이 있으며, 위턱이 아래턱보다 튀어나왔습니다. 또한 옆줄이 뚜렷하고, 그것을 따라 검은 반점이 줄지어 보이지요. 그 밖에 등 쪽에도 검은 반점들이 흩어져 있습니다. 몸 중앙에는 1개의 등지느러미가 있고, 다른 지느러미들도 발달했지요. 돌마자의 몸 색깔은 등 쪽의 경우 푸른빛이 도는 갈색을 띱니다. 배 부분은 은백색이지요. 주요 먹이는 물속의 자갈 등에 붙어 자라는 부착조류입니다. 이따금 수생곤충을 잡아먹기도 하고요. 산란기는 5~7월로, 수십 마리의 돌마자가 무리지어 다니며 자갈과 물풀 사이에 알을 낳지요. 수정란이 부화하기 좋은 수온은 22~25도 정도입니다.

분류	동물계 〉 척삭동물문 〉 경골어강 〉 잉어과	사는곳	한국	크기	몸길이 5~9센티미터
먹이	부착조류, 수생곤충				

돌상어

이름만 상어일 뿐, 작은 민물고기입니다. 우리나라 고유의 토종 생물이지요. 물이 맑고 물살이 세면서, 강바닥에 자갈이 많이 깔린 곳에 서식합니다. 현재 멸종 위기 야생생물 2급으로 지정해 보호하고 있지요. 돌상어는 몸길이 10~15센티미터까지 자라납니다. 기다란 원통형 몸에 위아래로 납작한 작은 머리를 가졌고, 주둥이가 뾰족한 편이지요. 또한 4쌍의 짧은 입수염이 있고, 아가미구멍이 넓습니다. 몸 중앙에 1개의 등지느러미가 위치하고, 그 맞은편에는 배지느러미가 있지요. 돌상어의 각 지느러미는 비슷한 생김새의 꾸구리와 달리 아무런 무늬가 없습니다. 돌상어의 몸 색깔은 전체적으로 옅은 황갈색을 띠는데, 옆구리를 중심으로 온몸에 짙은 갈색 무늬가 흩어져 있는 모습입니다. 주요 먹이는 곤충의 유충과 수생곤충 등이지요. 돌상어는 재빠른 헤엄으로 자갈 밑을 옮겨 다니며 몸을 숨기는 습성이 있습니다. 산란기는 4~5월로, 3년 정도 성장하면 완전히 성체가 되지요.

분류 동물계 〉 척삭동물문 〉 경골어강 〉 잉어과   **사는곳** 한국   **크기** 몸길이 10~15센티미터

먹이 곤충의 유충, 수생곤충 등

동사리

우리나라 고유의 토종 민물고기입니다. 물살이 느리고 바닥에 자갈이 깔린 하천 중하류에 주로 서식하지요. 한반도 대부분의 강에서 볼 수 있는 제법 흔한 어류입니다. 동사리는 몸길이 10~18센티미터까지 자라납니다. 전체적으로 기다란 원통형 몸인데, 뒤로 갈수록 옆으로 납작한 모습이지요. 머리 부분은 위아래로 약간 눌린 듯하고요. 그 밖에 눈이 작고 주둥이가 짧으며, 아래턱이 위턱보다 조금 튀어나왔습니다. 또한 옆줄이 없고, 양쪽 옆구리에는 선명한 갈색 무늬가 3개씩 보이지요. 등지느러미는 2개가 있으며, 꼬리지느러미의 끝이 둥글고, 가슴지느러미가 잘 발달했습니다. 가슴지느러미의 모양은 크고 둥그렇지요. 그에 비해 바로 아래쪽에 위치한 배지느러미는 작습니다. 동사리의 몸 색깔은 등과 배 쪽이 모두 황갈색을 띱니다. 다만 농도 차이가 있어 등 쪽이 짙고 배 부분은 옅지요. 동사리는 주로 밤에 먹이 활동을 해 수생곤충, 물고기 치어, 민물새우 등을 잡아먹습니다. 산란기는 4~6월로, 수컷이 수정된 알을 지키는 습성이 있지요.

분류	동물계 〉 척삭동물문 〉 경골어강 〉 동사리과	사는곳	한국	크기	몸길이 10~18센티미터
먹이	수생곤충, 물고기 치어, 민물새우 등				

두우쟁이

한국, 중국, 러시아, 베트남 등에 분포합니다. 주로 바닥에 모래가 많이 깔린 강 하류에 서식하지요. 수면에 가까운 곳보다는 강바닥에서 헤엄쳐 다니며 먹이 활동을 합니다. 두우쟁이의 몸길이는 20~25센티미터까지 자라납니다. 가늘고 긴 원통형 몸이 옆으로 납작하지요. 머리와 눈이 큰 편이고, 주둥이가 길고 끝이 둥글며, 1쌍의 입수염을 가졌습니다. 아울러 옆줄이 뚜렷하고, 온몸에 기와 모양의 비늘이 덮였으며, 아가미구멍이 넓지요. 몸의 앞쪽에 1개의 등지느러미가 발달했고, 배지느러미와 뒷지느러미는 그보다 뒤쪽에 자리합니다. 두우쟁이의 몸 색깔은 등 쪽이 청갈색이고, 배 부분은 은백색입니다. 여기에 10여 개 남짓한 어두운 반점이 불규칙하게 흩어져 있지요. 두우쟁이의 주요 먹이는 수생곤충과 부착조류, 민물새우, 게 등입니다. 산란기는 4월 무렵으로, 물풀에 붙여놓는 방식으로 암컷이 알을 낳지요. 우리나라 일부 지역에서는 '생새미'라고 부르기도 합니다.

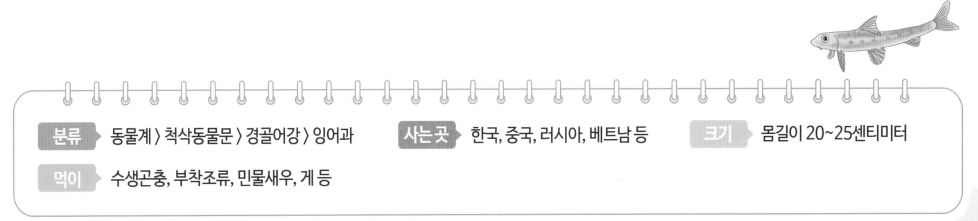

분류	동물계 〉 척삭동물문 〉 경골어강 〉 잉어과	사는곳	한국, 중국, 러시아, 베트남 등	크기	몸길이 20~25센티미터
먹이	수생곤충, 부착조류, 민물새우, 게 등				

둑중개

한국, 중국, 러시아 등에 분포합니다. 우리나라에서는 주로 한강보다 북쪽에 위치한 강에 서식하지요. 맑고 차가운 물을 좋아하기 때문입니다. 여기에 물살이 빠르고 바닥에 돌이 많은 하천 상류라면 더할 나위 없는 환경이지요. 둑중개는 몸길이 13~15센티미터까지 자라납니다. 기다란 유선형 몸이 옆으로 약간 눌린 모습이며, 머리가 크고 주둥이가 짧지요. 또한 몸에 비늘이 없고, 피부의 질감이 오톨도톨합니다. 모든 지느러미들이 잘 발달했는데, 등지느러미는 2개를 갖고 있지요. 가슴지느러미도 꽤 크고, 꼬리지느러미는 갈라지지 않은 채 끝이 둥그렇습니다. 몸 색깔은 전체적으로 회갈색을 띠며, 등 쪽의 농도가 배 부분에 비해 짙지요. 아울러 몸에는 황갈색 반점이 폭넓게 흩어져 있습니다. 둑중개의 주요 먹이는 수생곤충, 곤충의 유충, 민물새우, 실지렁이 등입니다. 산란기는 3~4월로, 10도 정도의 수온이 안성맞춤이지요. 암컷이 돌 밑에 알을 낳아놓으면 수컷이 부화할 때까지 보호하는 습성이 있습니다.

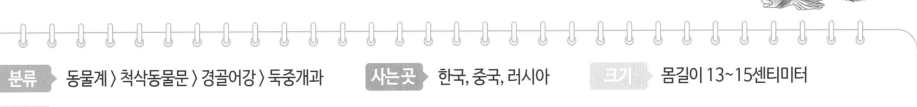

분류	동물계 〉 척삭동물문 〉 경골어강 〉 둑중개과	사는곳	한국, 중국, 러시아	크기	몸길이 13~15센티미터
먹이	수생곤충, 곤충의 유충, 민물새우, 실지렁이 등				

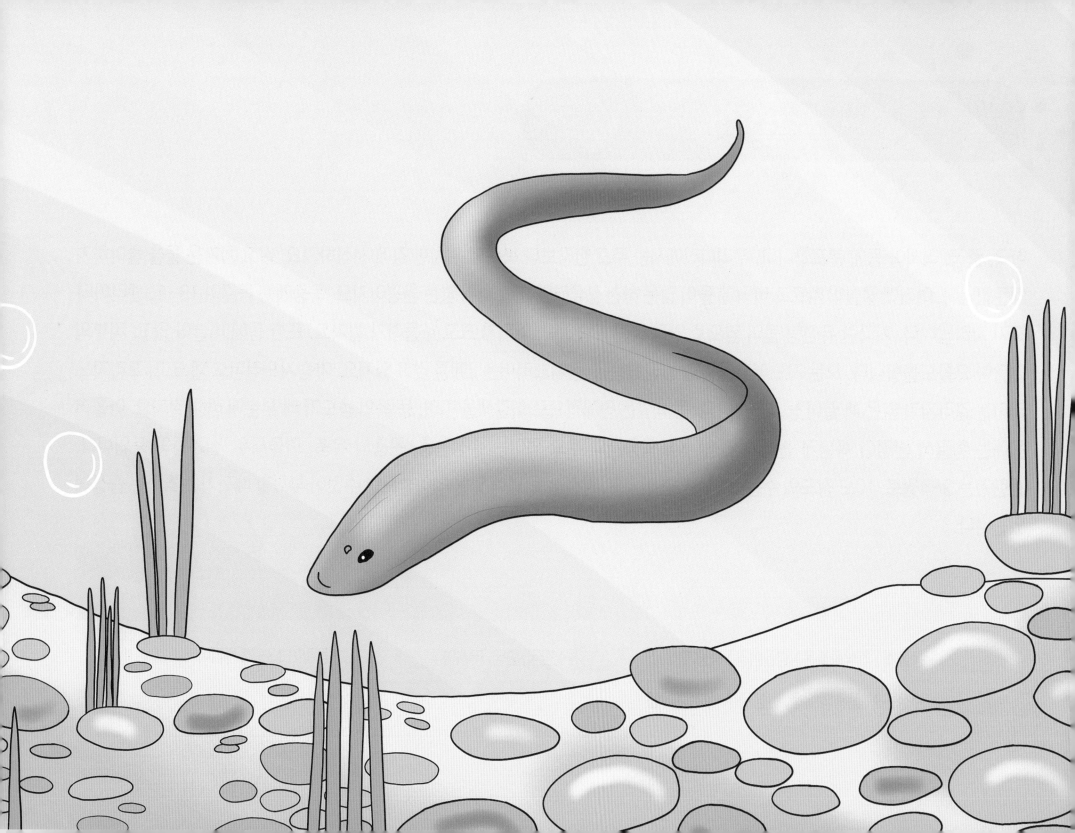

드렁허리

동아시아와 동남아시아에 분포합니다. 진흙이 많은 논이나 호수 등에 서식하지요. 주둥이를 물 밖에 내놓고 공기 호흡을 하는 습성이 있습니다. 또한 치어 때는 암컷이었다가 어느 시기가 되면 수컷으로 성전환을 하는 특성도 보이지요. 드렁허리는 얼핏 뱀장어와 닮은 모습입니다. 가늘고 기다란 원통형 몸에, 눈이 작고 주둥이 끝이 둥그렇지요. 입 안에는 작은 이빨이 촘촘히 나 있고, 꼬리지느러미만 약간 흔적이 있을 뿐 다른 지느러미들은 거의 보이지 않습니다. 아울러 옆줄이 뚜렷하며, 비늘은 없지요. 몸 색깔은 등 쪽이 황갈색 바탕에 둥근 반점이 흩어져 있고, 배 부분은 주황빛이 도는 회갈색입니다. 배 부분에도 옅은 반점들이 보이지요. 드렁허리는 몸길이 40~60센티미터까지 자라납니다. 야행성 물고기로 작은 물고기, 지렁이, 수생곤충 등을 잡아먹지요. 산란기는 6~7월로, 진흙에 구멍을 파고 그 속에 알을 낳습니다. 뱀장어와 달리 일생 동안 논이나 호수 등의 서식지를 떠나지 않습니다.

분류	동물계 〉 척삭동물문 〉 경골어강 〉 드렁허리과	사는곳	동아시아 및 동남아시아	크기	몸길이 40~60센티미터
먹이	작은 물고기, 지렁이, 수생곤충 등				

떡붕어

한국, 일본, 대만 등에 분포합니다. 우리나라에는 1970년대 양식을 목적으로 일본에서 들려온 것이 자연으로 퍼져 나갔지요. 주로 물살이 빠르지 않은 하천 하류나 저수지, 호수 등에 서식합니다. 떡붕어의 몸길이는 30~50센티미터까지 자라납니다. 위아래 폭이 넓은 달걀형 몸이 옆으로 납작하며, 주둥이가 약간 튀어나온 형태지요. 입수염은 보이지 않습니다. 또한 아가미뚜껑이 크고, 옆줄이 뚜렷한 점도 개성적입니다. 폭이 넓은 1개의 등지느러미는 몸 중앙에서 시작되며, 그에 비해 배지느러미와 뒷지느러미는 보통 크기지요. 꼬리자루가 굵어 꼬리지느러미의 힘이 강해 보이기도 합니다. 떡붕어의 몸 색깔은 등과 옆구리가 푸른빛이 도는 회색이고, 배 부분은 은백색을 띱니다. 주요 먹이는 물속 돌멩이 등에 붙어 자라는 부착조류지요. 평소 무리지어 다니는 습성이 있으며, 산란기는 5~6월입니다. 암컷이 물풀에 붙여놓는 방식으로 알을 낳지요.

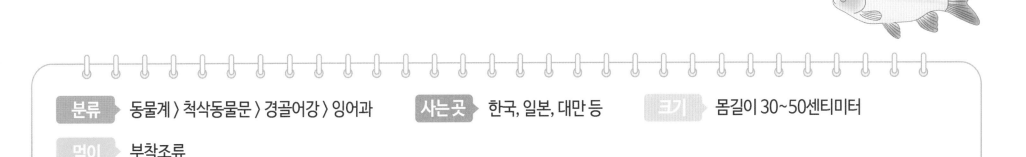

분류 〉 동물계 〉 척삭동물문 〉 경골어강 〉 잉어과   **사는곳** 한국, 일본, 대만 등   **크기** 몸길이 30~50센티미터

먹이 부착조류

망둥어

'망둑어'라고도 합니다. 흔히 망둥어과 바닷물고기를 통틀어 일컫는 말이지요. 망둥어과에는 무려 2천여 종이 포함되어 있다고 합니다. 망둥어는 수온이나 염분 농도에 까다롭지 않아 생명력이 강하지요. 따라서 전 세계의 해양과 강 하구에 두루 분포합니다. 망둥어는 보통 몸길이 10~20센티미터까지 성장합니다. 기다란 원통형에 꼬리 부분으로 갈수록 납작해지는 몸을 가졌지요. 머리는 둥그렇고, 주둥이가 짧으며, 눈이 위쪽으로 툭 튀어나온 모습입니다. 또한 등지느러미가 2개이며, 배지느러미가 맞붙어 흡반을 이루고 있지요. 몸 색깔은 주로 담갈색이나 흑갈색, 회황색을 띱니다. 거기에 어두운 반점이 흩어져 있는 경우가 많지요. 망둥어는 강한 생명력 못지않게 왕성한 식욕을 자랑합니다. 대개 수컷보다 암컷의 몸집이 더 큰데, 수컷은 뒷지느러미 바로 앞에 뾰족한 생식기가 있어 암컷과 구분되지요. 주요 먹이는 갯지렁이, 조개, 게, 새우, 해조류 등입니다. 산란기는 4~5월이며, 암컷 대신 수컷이 알이 부화할 때까지 보호하지요.

분류	동물계 〉 척삭동물문 〉 경골어강 〉 망둥어과	사는곳	전 세계	크기	몸길이 10~20센티미터
먹이	갯지렁이, 조개, 게, 새우, 해조류 등				

메기

한국, 일본, 중국, 대만, 러시아 등에 분포합니다. 하천, 호수, 늪 등의 진흙 바닥에 주로 서식하지요. 낮에는 은신처에 숨어 있다가 밤이 되면 활발히 먹이 활동을 하는 민물고기입니다. 메기는 몸길이 25~100센티미터까지 자라납니다. 기다란 원통형 몸에 위아래로 납작한 머리, 작은 눈과 커다란 입을 가졌지요. 여기에 촉각을 담당하는 입수염이 2쌍 있는데, 콧구멍 옆의 것은 가슴지느러미에 닿을 만큼 기다랗습니다. 또한 몸에는 비늘이 없고 점액질이 발달했으며, 옆줄이 선명하지요. 등지느러미는 매우 작고, 뒷지느러미가 몸의 절반 이상을 차지하는 특징도 있습니다. 메기의 몸은 등 쪽이 어두운 갈색이나 황갈색을 띠면서 불규칙한 얼룩무늬가 흩어져 있는 모습입니다. 서식 환경에 따라 몸 색깔에 제법 차이가 있지요. 머리 밑과 배 부분의 색깔은 흰색에 가깝습니다. 주요 먹이는 작은 물고기, 새우, 게, 곤충의 유충, 개구리 등이지요. 산란기는 5~6월로, 물풀이나 자갈에 붙여놓는 방식으로 알을 낳습니다.

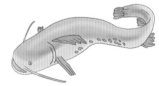

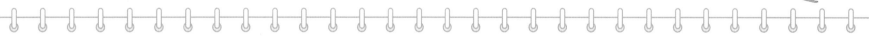

분류 ▶ 동물계 〉 척삭동물문 〉 경골어강 〉 메기과   **사는곳** ▶ 한국, 일본, 중국, 대만, 러시아 등   **크기** ▶ 몸길이 25~100센티미터

먹이 ▶ 작은 물고기, 새우, 게, 곤충의 유충, 개구리 등

모래무지

한국, 중국, 일본 등 동아시아에 분포합니다. 모래 속에 숨어 사는 습성이 있어 지금의 이름으로 불리게 됐지요. 주로 하천 중류의 모래나 자갈이 깔린 바닥에서 생활합니다. 모래무지는 몸길이 10~22센티미터까지 자라납니다. 기다란 원통형 몸에 꼬리자루가 옆으로 눌린 형태이며, 머리가 크고, 입 주변에 1쌍의 수염이 나 있지요. 주둥이는 약간 돌출되었고, 입이 작습니다. 또한 몸에 큰 비늘이 덮여 있으며, 1개의 등지느러미가 몸 가운데에 솟아 있지요. 몸 색깔은 전체적으로 옅은 갈색을 띠는데, 옆구리를 중심으로 검은 반점이 흩어져 있는 모습입니다. 그것은 모래 속에 숨어들 때 보호색 역할을 하지요. 모래무지의 주요 먹이는 수생곤충과 곤충의 유충 등입니다. 먹이 활동을 할 때는 모래와 함께 먹잇감을 들이켠 다음, 아가미구멍으로 모래만 내뱉는 방식을 이용하지요. 산란기는 5~6월이며, 알에서 부화한 치어는 2~3년 만에 성체가 됩니다. 모래무지는 깨끗한 물에 서식하는 탓에 하천의 오염을 측정하는 기준이 되기도 하지요.

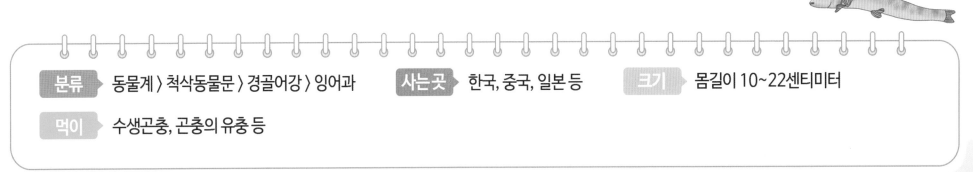

분류	동물계 〉 척삭동물문 〉 경골어강 〉 잉어과	사는곳	한국, 중국, 일본 등	크기	몸길이 10~22센티미터
먹이	수생곤충, 곤충의 유충 등				

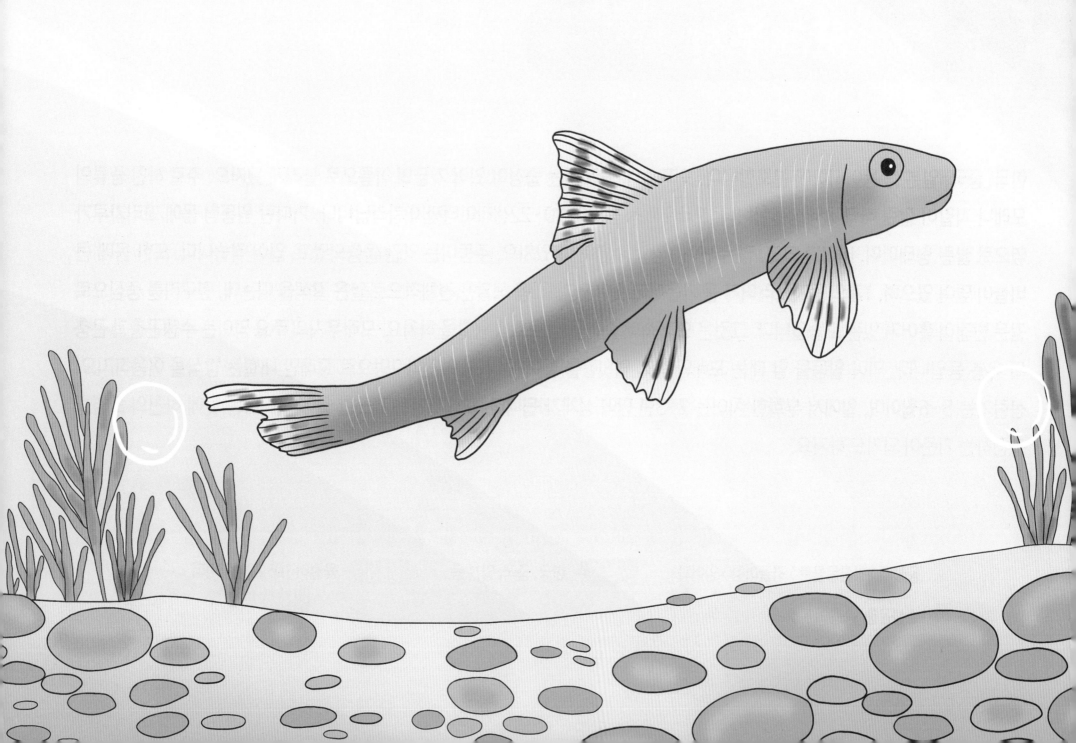

모래주사

우리나라 고유의 토종 민물고기입니다. 자갈과 모래가 많이 깔린 하천 중상류에 서식하지요. 주로 낙동강과 섬진강에서 볼 수 있습니다. 하지만 개체 수가 급격하게 줄어들어, 현재는 멸종 위기 야생생물 1급으로 지정해 보호하고 있지요. 모래주사는 몸길이 9~12센티미터까지 성장합니다. 몸이 길고 옆으로 약간 납작한 모습이지요. 얼핏 모래무지와 닮은 생김새입니다. 또한 원뿔형 주둥이를 가졌으며, 1쌍의 입수염이 있고, 아가미구멍이 넓은 편이지요. 몸 중앙에 위치한 1개의 등지느러미와 두 갈래로 갈라진 꼬리지느러미, 뚜렷한 옆줄도 눈길을 끄는 특징입니다. 몸 색깔은 등 쪽이 청갈색, 배 부분이 은백색을 띠지요. 여기에 옆구리를 중심으로 10개 안팎의 어두운 갈색 반점이 흩어져 있습니다. 모래주사의 주요 먹이는 수생곤충, 민물새우, 부착조류 등입니다. 평소 소규모로 무리를 지어 생활하며, 산란기는 7~8월로 알려져 있지요. 암컷 한 마리가 2천 개 안팎의 알을 낳습니다.

분류	동물계 〉 척삭동물문 〉 경골어강 〉 잉어과	사는곳	한국	크기	몸길이 9~12센티미터
먹이	수생곤충, 민물새우, 부착조류 등				

몰개

우리나라 고유의 토종 민물고기입니다. 한강, 금강, 영산강, 낙동강, 섬진강, 대동강 등에 서식하지요. 물살이 약한 하천 하류를 비롯해 호수와 연못 등에서도 볼 수 있습니다. 대개 여러 마리의 개체가 무리지어 다니며 먹이 활동을 하지요. 몰개는 몸길이 8~10 센티미터까지 자라납니다. 가늘고 길며, 옆으로 납작한 몸을 가졌지요. 몸에 비해 입이 매우 크고, 1쌍의 입수염이 있습니다. 또한 옆줄이 뚜렷하고, 각각의 비늘이 크며, 아가미구멍도 큰 편입니다. 몸 중앙에는 1개의 등지느러미가 발달했고, 맞은편에 배지느러미가 위치하지요. 꼬리지느러미가 두 갈래로 깊이 갈라진 것도 개성 있는 모습입니다. 몸 색깔은 전체적으로 은백색을 띠는데, 등쪽의 농도가 어둡고 배 부분은 밝지요. 물속에서는 몸이 약간 반짝거리는 듯합니다. 몰개는 잡식성으로 동물성 먹이와 식물성 먹이를 모두 잘 먹습니다. 주요 먹이는 수생곤충, 물고기 치어, 부착조류 등이지요. 산란기는 6~8월로, 부화 후 3년은 자라야 완전한 성체가 됩니다.

분류	동물계 〉 척삭동물문 〉 경골어강 〉 잉어과	사는곳	한국	크기	몸길이 8~10센티미터
먹이	수생곤충, 물고기 치어, 부착조류 등				

무지개송어

아메리카, 유럽, 오스트레일리아, 뉴질랜드, 남아프리카 등을 중심으로 분포합니다. 1960년대부터 식용으로 수입된 것이 자연으로 퍼져 나가, 요즘은 우리나라의 강과 하천에서도 볼 수 있지요. 우리 입장에서 보면 외래종 민물고기 중 하나입니다. 무지개송어라는 이름은 산란기에 나타나는 붉은 줄무늬가 무지개빛을 띠어 붙여졌습니다. 성체의 몸길이는 70~85센티미터까지 자라나지요. 옆으로 약간 납작하고 통통한 방추형 몸에, 보통 크기의 눈과 입을 갖고 있습니다. 등지느러미는 2개이고, 배지느러미와 뒷지느러미의 간격이 좁으며, 꼬리자루가 두툼하지요. 몸 색깔은 등 쪽이 청록색을 띠고, 배 부분은 푸르스름한 흰색입니다. 여기에 온몸에 검은색 반점이 흩어져 있지요. 무지개송어는 차가운 물을 좋아해 주로 강 상류나 깊은 숲속의 호수 등에 서식합니다. 주요 먹이는 작은 물고기, 곤충의 유충, 수생곤충, 새우 등이지요. 자연 상태에서는 대체로 봄에 산란하며, 평균 수명은 4~7년 정도로 알려져 있습니다.

분류	동물계 〉 척삭동물문 〉 경골어강 〉 연어과	사는곳	아메리카, 유럽, 오스트레일리아, 뉴질랜드, 남아프리카 등
크기	몸길이 70~85센티미터	먹이	작은 물고기, 곤충의 유충, 수생곤충, 새우 등

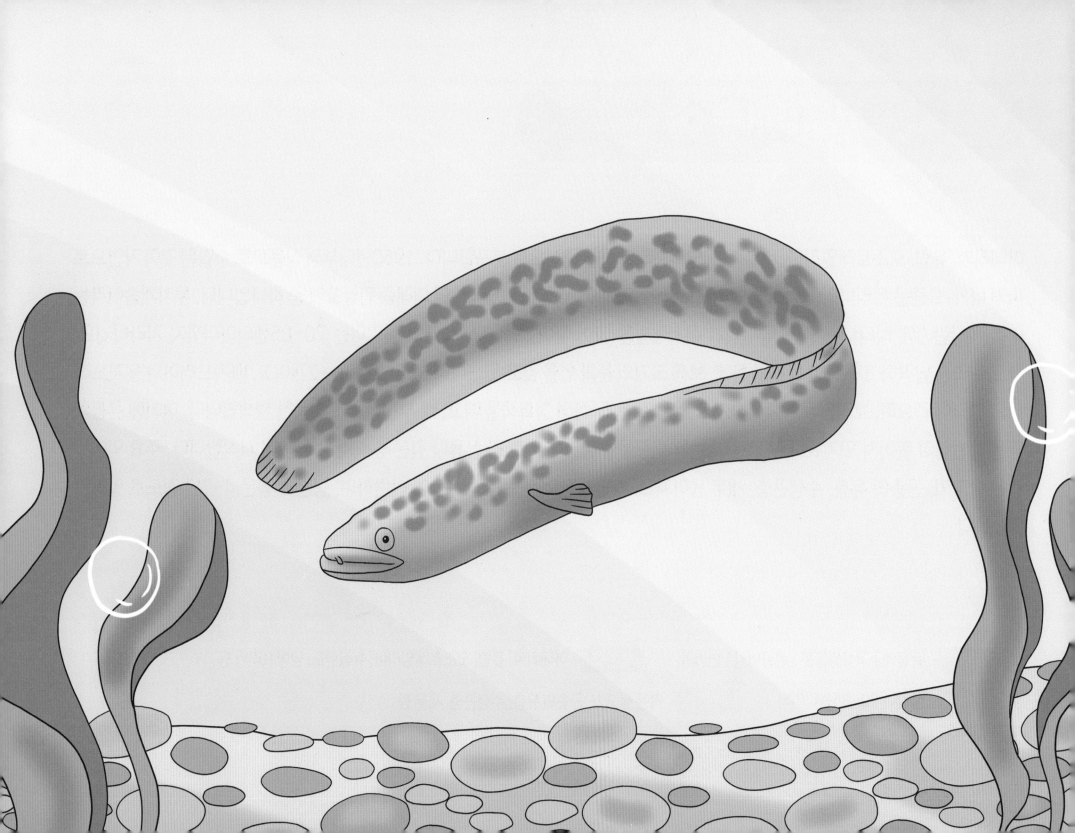

무태장어

동아시아, 동남아시아, 아프리카 동부 등에 분포합니다. 뱀장어와 생태가 비슷해 5~8년 정도 하천에서 지내다가 산란을 위해 바다로 내려가지요. 알에서 부화한 치어는 다시 강으로 거슬러 올라와 일생의 대부분을 보냅니다. 무태장어는 뱀장어에 비해 몸이 크고, 몸 전체에 흑갈색 모양의 반점이 흩어져 있습니다. 몸길이가 200센티미터 안팎까지 성장하는 대형 물고기지요. 그 밖에 가늘고 긴 몸의 형태, 위턱보다 튀어나온 아래턱, 지느러미의 모양, 아가미갈퀴가 없는 점 등은 뱀장어와 차이가 없습니다. 비늘도 퇴화해 피부 속에 묻혀 있고요. 피부가 매우 미끄러운 점도 똑같지요. 무태장어는 주로 밤에 먹이 활동을 합니다. 주요 먹이는 작은 물고기, 새우, 조개, 게, 개구리 등이지요. 무태장어는 1978년 천연기념물 제258호로 지정되었다가 2009년에 해제된 독특한 이력이 있습니다. 우리나라의 자연에서는 희귀종이지만, 세계적으로는 개체 수가 많고 양식까지 이루어지기 때문이지요.

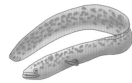

분류 ▶ 동물계 〉 척삭동물문 〉 경골어강 〉 뱀장어과   **사는곳** ▶ 동아시아, 동남아시아, 아프리카 동부 등

크기 ▶ 몸길이 200센티미터 안팎   **먹이** ▶ 작은 물고기, 새우, 조개, 게, 개구리 등

묵납자루

우리나라 고유의 토종 민물고기입니다. 한강, 임진강, 대동강, 압록강 등에 분포하지요. 대개 물 흐름이 완만한 곳이나 여울에 서식하는데, 하천 바닥에 모래나 자갈이 깔린 환경을 좋아합니다. 멸종 위기 야생생물 2급 보호종이지요. 묵납자루는 몸길이 5~8센티미터까지 자라는 소형 물고기입니다. 위아래 폭이 넓은 계란형 몸이 옆으로 납작하며, 주둥이가 갸름한 편이지요. 몸 중앙에서 시작해 꼬리자루까지 이어지는 등지느러미와 뒷지느러미가 잘 발달했습니다. 또한 아가미구멍이 넓고, 1쌍의 입수염이 있으며, 몸에 비해 큰 비늘을 가졌지요. 몸 색깔은 전체적으로 흑청색을 띠는데, 등에 가까울수록 농도가 짙습니다. 묵납자루는 수생곤충, 다른 물고기의 알 같은 동물성 먹이와 부착조류 같은 식물성 먹이를 가리지 않고 잘 먹습니다. 산란기는 5~6월로, 이 시기가 되면 암컷의 몸에 있는 회갈색 산란관이 길어지지요.

분류 〉 동물계 〉 척삭동물문 〉 경골어강 〉 잉어과   **사는곳** 〉 한국   **크기** 〉 몸길이 5~8센티미터

먹이 〉 수생곤충, 다른 물고기의 알, 부착조류 등

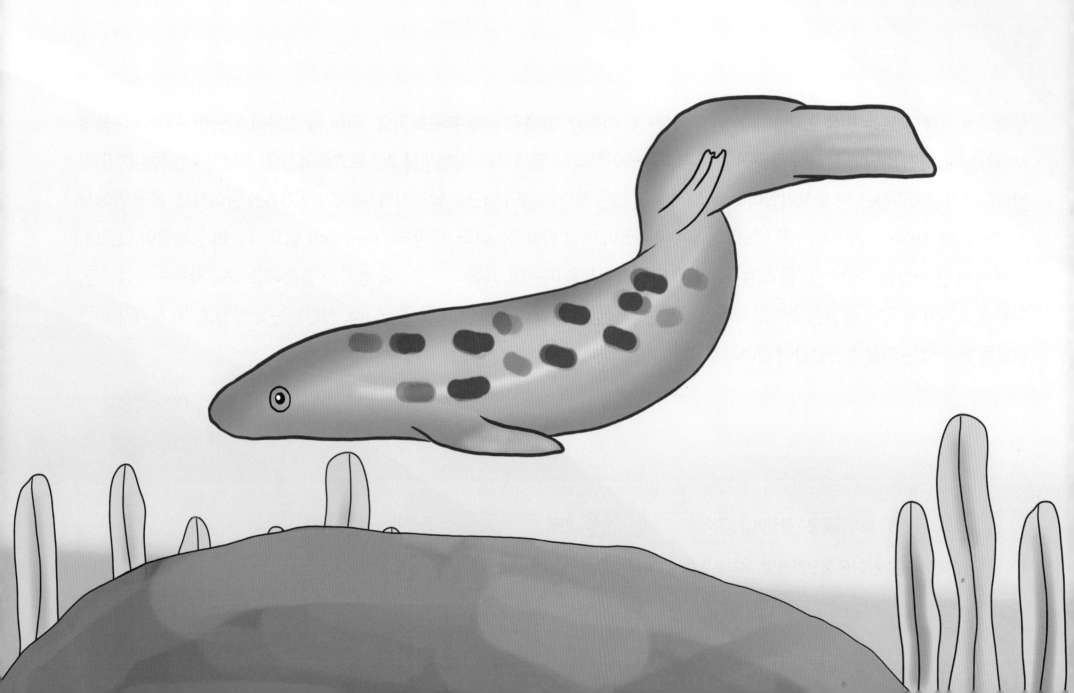

미꾸라지

한국, 중국, 대만 등에 분포합니다. 주로 연못, 논두렁, 농수로 등에 서식하지요. 바닥에 진흙이 깔린 곳을 좋아하며, 물이 더럽거나 산소가 부족해도 잘 살아갑니다. 추어탕의 '추'가 바로 미꾸라지를 뜻하는 한자어지요. 미꾸라지는 몸길이 12~20센티미터까지 성장합니다. 길고 가느다란 몸이 옆으로 약간 납작한 형태이며, 눈이 작고, 입 주변에 5쌍의 수염이 나 있지요. 비늘은 대부분 살갗 속에 파묻혀 있고, 몸 표면에는 점액질이 분비됩니다. 몸 색깔은 전체적으로 황갈색을 띠는데, 등 쪽이 짙고 배 부분은 연하지요. 몸에는 작고 검은 반점이 흩어져 있는 모습도 보입니다. 미꾸라지는 대개 암컷이 수컷보다 몸이 커다랗습니다. 또한 가슴지느러미의 모양으로도 암수를 구별할 수 있지요. 가슴지느러미가 짧고 둥근 것이 암컷, 길고 가는 것이 수컷이지요. 미꾸라지의 주요 먹이는 수생식물, 실지렁이, 장구벌레, 진흙 속 유기물 등입니다. 산란기는 4~6월이며, 물풀 따위에 붙여놓는 방식으로 알을 낳지요. 미꾸라지는 날씨가 추워지면 진흙 속으로 들어가 겨울잠을 자는 습성이 있습니다.

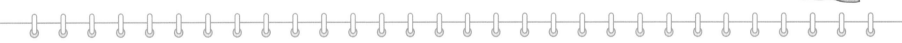

분류 ▶ 동물계 〉 척삭동물문 〉 경골어강 〉 미꾸리과   **사는곳** ▶ 한국, 중국, 대만 등   **크기** ▶ 몸길이 12~20센티미터

먹이 수생식물, 실지렁이, 장구벌레, 진흙 속 유기물 등

미꾸리

아시아, 유럽, 오세아니아 등에 분포합니다. 하천뿐만 아니라 물이 고여 있는 늪이나 연못 등에도 서식하지요. 수질이 나빠 산소가 부족한 환경에서도 뛰어난 적응력을 보입니다. 기온이 매우 낮아지거나 가뭄이 들어도 진흙 속으로 파고들어가 오랫동안 생존하지요. 흔히 미꾸리는 미꾸라지와 구분하지 않고 '미꾸라지'로 부르기도 합니다. 성체의 몸길이는 보통 10~20센티미터까지 자라지요. 가늘고 긴 원통형 몸이 뒤로 갈수록 옆으로 납작해집니다. 또한 눈이 작고, 주둥이가 길며, 5쌍의 입수염을 가졌지요. 미꾸라지와 비교하면 몸이 좀 더 둥글고, 가장 긴 입수염의 길이가 조금 짧습니다. 그 밖에 옆줄이 거의 보이지 않으며, 꼬리지느러미가 시작되는 부분에 작고 검은 점 하나가 있지요. 미꾸리의 몸 색깔은 전체적으로 황갈색을 띱니다. 등 쪽의 농도가 배 부분에 비해 짙다는 차이가 있을 뿐이지요. 주요 먹이는 부착조류, 곤충의 유충, 동물성 플랑크톤 등입니다. 산란기는 5~7월로, 암컷이 한배에 수천 개의 알을 낳아 진흙이나 모래 속에 묻어놓지요.

분류	동물계 > 척삭동물문 > 경골어강 > 기름종개과	사는곳	아시아, 유럽, 오세아니아 등	크기	몸길이 10~20센티미터
먹이	부착조류, 곤충의 유충, 동물성 플랑크톤 등				

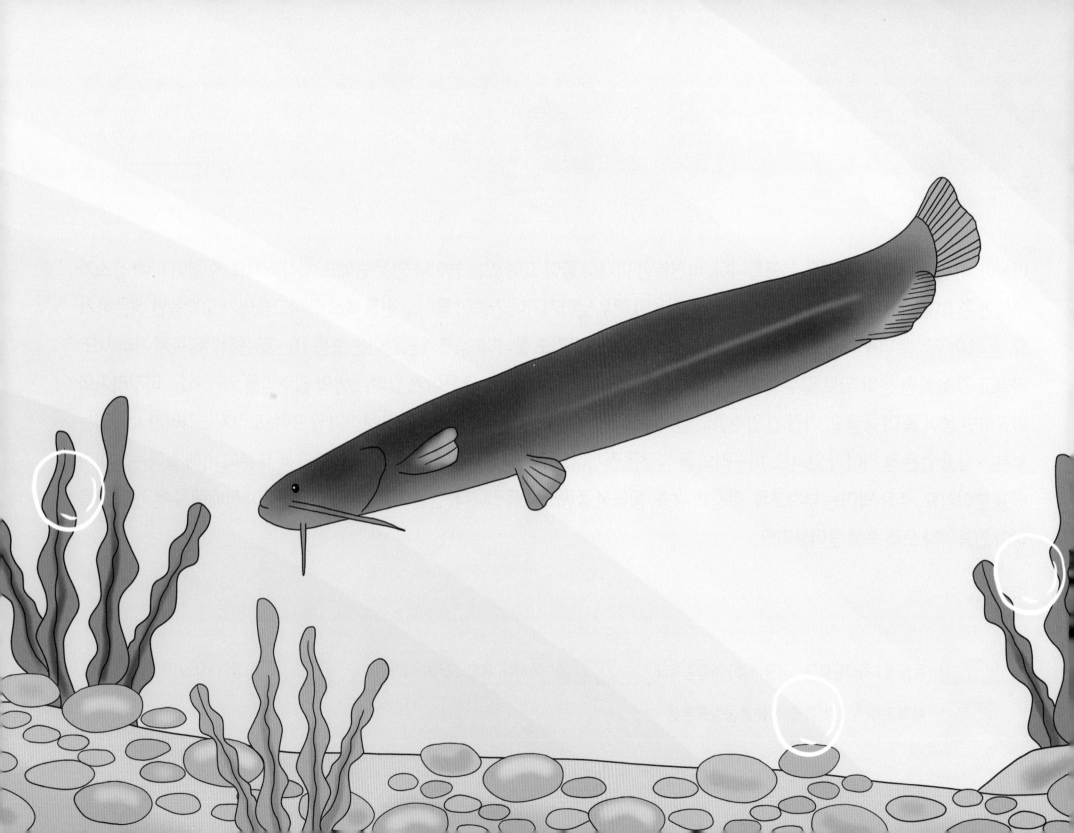

미유기

우리나라 고유의 토종 민물고기입니다. 한반도 전 지역에서 두루 볼 수 있는데, 주로 물이 맑고 바닥에 자갈이 깔린 하천 중·상류에 서식하지요. 얼핏 메기와 닮았지만, 그보다 몸이 가늘고 기다랗습니다. 등지느러미의 크기도 작고요. 미유기의 몸길이는 17~30 센티미터까지 자라납니다. 원통형 몸이 머리 쪽은 위아래로 납작하고, 뒤로 갈수록 옆으로 눌린 모습이지요. 눈은 작고, 아래턱이 위턱보다 튀어나왔으며, 2쌍의 입수염을 가졌습니다. 그중 1쌍은 길고, 나머지 1쌍은 그것의 절반 길이밖에 안 되지요. 또한 옆줄이 뚜렷하고, 비늘이 없으며, 등지느러미가 매우 짧은 특징이 있습니다. 미유기의 몸 색깔은 등 쪽이 흑갈색, 배 부분이 황색을 나타냅니다. 여기에 몸에는 구름 모양의 얼룩 같은 무늬가 얼비치지요. 미유기는 작은 물고기나 수생곤충 등을 즐겨 잡아먹는 육식성 어류입니다. 산란기는 5월 무렵으로 알려져 있지요.

분류 ▶ 동물계 〉 척삭동물문 〉 경골어강 〉 메기과   **사는곳** ▶ 한국   **크기** ▶ 몸길이 17~30센티미터

먹이 ▶ 작은 물고기, 수생곤충 등

미호종개

우리나라에만 분포하는 민물고기입니다. 천연기념물 제454호로 지정되어 있지요. 금강의 지류인 미호천에서 처음 발견되어 지금의 이름을 갖게 됐습니다. 미호종개는 물살이 느리고 수심이 1미터를 넘지 않는 얕은 여울에 주로 서식하지요. 그런데 최근에는 개체수가 크게 줄어들어 멸종 위기 야생생물 1급으로 지정되기도 했습니다. 미호종개는 몸길이가 6~8센티미터밖에 안 되는 소형 민물고기입니다. 기다란 몸이 가운데 부분만 굵고 앞뒤로는 가느다란 형태지요. 끝부분이 뾰족한 주둥이에 3쌍의 입수염이 있고, 몸 중앙에는 1개의 등지느러미가 보입니다. 얼핏 미꾸라지와 닮은 모습이지요. 몸 색깔은 전체적으로 옅은 황갈색을 띠면서, 옆구리를 중심으로 12~17개의 짙은 갈색 반점이 나타나 있습니다. 미호종개는 하천 바닥의 모래 속에 몸을 파묻고 생활하는 것을 좋아합니다. 그러다가 배가 고프면 자갈이나 바위에 붙어 사는 조류를 뜯어먹지요. 산란기는 5~6월로 알려져 있습니다.

| 분류 | 동물계 〉 척삭동물문 〉 경골어강 〉 미꾸리과 | 사는곳 | 한국 | 크기 | 몸길이 6~8센티미터 | 먹이 | 부착조류 |

밀어

한국, 일본, 중국, 대만 등에 분포합니다. 물이 맑고 바닥에 자갈이나 모래가 깔린 하천 중·하류에 주로 서식하지요. 그렇지만 호수와 늪처럼 물이 고여 있는 환경에서도 적지 않은 개체가 발견됩니다. 밀어의 몸길이는 5~11센티미터까지 성장합니다. 가늘고 긴 원통형 몸이 옆으로 납작한 모습이지요. 다만 머리는 위아래로 눌린 형태인데, 뺨 부분이 튀어나온 특징이 있습니다. 또한 눈이 작고, 주둥이가 길고 입이 크며, 옆줄이 보이지 않지요. 몸에는 큼지막한 빗비늘이 덮여 있고요. 지느러미들 중에서는 가슴지느러미와 배지느러미가 눈길을 끕니다. 제법 크게 발달한 가슴지느러미는 끝이 둥글며, 배지느러미는 2개가 붙어 흡반을 만들었지요. 밀어의 몸 색깔은 전체적으로 갈색을 띱니다. 환경에 따라 농도에 차이가 있을 뿐이지요. 여기에 옆구리를 중심으로 7개 정도의 얼룩무늬가 보입니다. 주요 먹이는 수생곤충과 부착조류 등이지요. 산란기는 5~7월로, 자갈 등에 붙여놓는 방식으로 알을 낳습니다.

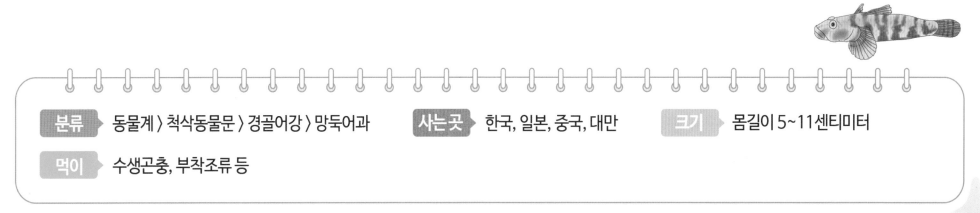

분류	동물계 〉 척삭동물문 〉 경골어강 〉 망둑어과	사는곳	한국, 일본, 중국, 대만	크기	몸길이 5~11센티미터
먹이	수생곤충, 부착조류 등				

밀자개

한국, 중국에 분포합니다. 우리나라의 경우는 주로 임진강, 금강, 영산강에 서식하지요. 물살이 아주 느린 강 하류 같은 환경을 좋아합니다. 어느 정도 바닷물의 영향이 있는 곳에서도 거뜬히 생존하지요. 밀자개의 몸길이는 10~15센티미터까지 자라납니다. 원통형의 몸이 꼬리 쪽으로 갈수록 가늘어지는 형태지요. 몸이 옆으로 눌린 모습이기는 하지만, 그 정도가 심하지는 않습니다. 또한 위턱이 아래턱보다 튀어나왔고, 주둥이 끝이 약간 둥글며, 4쌍의 입수염을 가졌지요. 옆줄이 뚜렷하고, 비늘은 없습니다. 그 밖에 삼각형 모양인 1개의 등지느러미와 기름지느러미를 가진 것도 눈여겨볼 만한 특징입니다. 꼬리지느러미는 두 갈래로 깊이 갈라져 있지요. 밀자개의 몸 색깔은 전체적으로 황갈색을 띱니다. 여기에 어두운 갈색의 얼룩무늬가 번져 보이고, 옆줄 위아래로도 줄무늬가 나타나 있지요. 주요 먹이는 수생곤충, 민물새우, 실지렁이 등입니다. 산란기는 5~6월로 알려져 있습니다.

분류 ▶ 동물계 〉 척삭동물문 〉 경골어강 〉 동자개과   **사는곳** ▶ 한국, 중국   **크기** ▶ 몸길이 10~15센티미터

먹이 ▶ 수생곤충, 민물새우, 실지렁이 등

배가사리

우리나라 고유의 토종 민물고기입니다. 한강, 금강, 대동강, 임진강 등에 많은 개체가 서식하지요. 물이 맑고 바닥에 자갈이 깔린 환경을 좋아합니다. 배가사리는 몸길이 8~14센티미터까지 자라납니다. 기다란 원통형 몸이 옆으로 약간 납작하지요. 눈이 작고, 주둥이가 뭉툭하며, 1쌍의 입수염을 가졌습니다. 또한 아래턱이 위턱보다 짧고, 아가미구멍이 넓은 편이지요. 몸 중앙에 위치한 1개의 커다란 등지느러미를 비롯해 각 지느러미가 잘 발달한 모습입니다. 배가사리의 몸 색깔은 등 쪽이 어두운 갈색이고, 배 부분은 흰색에 가깝습니다. 여기에 옆구리에는 불분명한 갈색 줄무늬가 보이고, 그 안에 어두운 색의 반점들이 흩어져 있지요. 수컷의 경우 번식기가 되면 몸 전체가 검게 변하는 특징도 있습니다. 배가사리의 주요 먹이는 하천 속 바위 등에 붙어 자라는 부착조류와 수생곤충 등입니다. 산란기는 6~7월로 알려져 있지요. 알에서 부화한 치어는 2년 정도 자라야 성체가 됩니다.

분류	동물계 〉 척삭동물문 〉 경골어강 〉 잉어과	사는곳	한국	크기	몸길이 8~14센티미터
먹이	부착조류, 수생곤충 등				

배스

'큰입우럭'이라고도 합니다. 원래는 북아메리카가 원산지인 민물고기인데, 지금은 전 세계에 분포하지요. 우리나라에도 1970년대에 양식을 목적으로 유입되었다가 자연으로 퍼져나갔습니다. 토종 민물고기를 마구 잡아먹어, 블루길과 함께 생태계를 위협하는 대표적인 외래종으로 지정되어 있지요. 주로 물 흐름이 느린 하천 하류나 호수 등에 서식합니다. 배스는 보통 몸길이 25~70센티미터까지 자라납니다. 기다란 방추형 몸이 옆으로 납작한 형태이며, 커다란 입이 유난히 눈에 띄지요. 머리도 크지만 눈은 작고, 주둥이 끝이 뾰족한 편입니다. 등지느러미는 2개인데, 특히 첫 번째 것에 가시가 솟아 있지요. 몸 색깔은 등 쪽이 청록색을 띠고, 배 부분은 흰색에 가깝습니다. 배스의 주요 먹이는 작은 물고기, 수생곤충, 새우, 지렁이 등입니다. 육식성이 강하다고 알려져 있지요. 산란기는 5~8월로, 한 마리의 암컷이 수천 개의 알을 낳습니다. 평균 수명도 10년 이상 되기 때문에 개체 수가 빠르게 늘어나지요.

분류 ▶ 동물계 〉 척삭동물문 〉 경골어강 〉 검정우럭과   **사는곳** ▶ 전 세계   **크기** ▶ 몸길이 25~70센티미터

먹이 ▶ 작은 물고기, 수생곤충, 새우, 지렁이 등

뱀장어

한국, 일본, 중국, 대만, 필리핀 등 아시아 지역을 비롯해 유럽에도 분포합니다. 바다에서 태어나 강으로 올라가 살아가는 특이한 습성을 갖고 있지요. 10년 안팎의 삶을 민물에서 지내다가 산란기가 되면 다시 바다로 내려가 알을 낳고 죽음을 맞습니다. 뱀장어는 대개 몸길이 60~70센티미터까지 성장합니다. 이따금 100센티미터가 훌쩍 넘는 개체가 발견되기도 하지요. 뱀장어는 원통형의 가늘고 긴 몸에 매우 미끄러운 피부를 갖고 있습니다. 등지느러미, 뒷지느러미, 꼬리지느러미가 연속되어 붙어 있는 반면에 배지느러미는 보이지 않지요. 또한 아래턱이 위턱보다 튀어나왔고, 입이 크며, 옆줄에는 감각을 느끼는 구멍이 있습니다. 몸 색깔은 등 부분이 어두운 회색, 배 쪽은 흰색이나 노란색을 띠지요. 뱀장어는 주로 실지렁이, 곤충의 유충, 새우, 게, 작은 물고기 등을 잡아먹고 살아갑니다. 야행성이라 낮보다 밤에 활발히 먹이 활동을 하지요. 산란기는 8~10월로, 수온 16~17도의 깊은 바다에 들어가 알을 낳습니다.

분류	동물계 > 척삭동물문 > 경골어강 > 뱀장어과	사는곳	한국, 일본, 중국, 대만, 필리핀, 유럽 등
크기	몸길이 60~100센티미터	먹이	실지렁이, 곤충의 유충, 새우, 게, 작은 물고기 등

버들개

한국, 중국, 일본, 러시아 등에 분포합니다. 물이 아주 맑고 차가운 산속 계곡에 주로 서식하지요. 한반도에서는 동해로 흘러드는 일부 하천에서도 무리지어 헤엄쳐 다니는 것을 볼 수 있습니다. 버들개는 몸길이 9~18센티미터까지 성장합니다. 얼핏 버들치와 닮았는데, 가늘고 긴 원통형 몸이 옆으로 약간 납작하지요. 주둥이 끝은 갸름하고, 입수염이 없습니다. 옆줄은 뚜렷하게 보이고요. 크기가 작은 비늘은 둥근 기와처럼 생겼지요. 1개의 등지느러미는 몸 중앙에서 시작되고, 그와 비슷한 크기의 뒷지느러미가 있습니다. 가슴지느러미는 폭이 좁지요. 버들개의 몸 색깔은 전체적으로 황갈색을 띠며, 배 부분으로 내려올수록 농도가 옅어집니다. 여기에 옆구리에는 짙은 갈색의 줄무늬가 보이지요. 버들개의 주요 먹이는 곤충의 유충, 수생곤충, 민물새우, 부착조류 등입니다. 산란기는 4~5월로, 바위나 자갈에 붙여놓는 방식으로 알을 낳습니다.

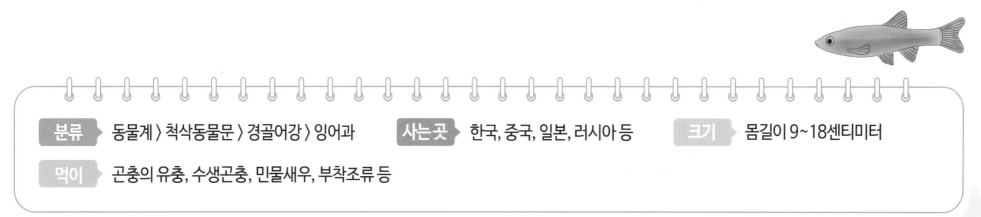

분류 ▶ 동물계 〉 척삭동물문 〉 경골어강 〉 잉어과   **사는곳** ▶ 한국, 중국, 일본, 러시아 등   **크기** ▶ 몸길이 9~18센티미터

먹이 ▶ 곤충의 유충, 수생곤충, 민물새우, 부착조류 등

버들매치

한국, 일본, 중국 등에 분포합니다. 우리나라에는 한강을 비롯해 금강, 영산강, 섬진강 같은 남부 지역 하천에 주로 서식하지요. 물살이 느리고 바닥에 모래나 진흙이 깔린 강 하류, 연못, 저수지 등의 환경을 좋아합니다. 버들매치는 몸길이 8~12센티미터까지 자라납니다. 원통형 몸이 뒤로 갈수록 가늘어지며, 머리가 크고 주둥이가 조금 길지요. 얼핏 모래무지와 비슷하게 생겼지만 입 주변의 모습이 좀 더 뭉툭한 편입니다. 그 밖에 버들매치는 굵고 짧은 1쌍의 입수염을 가졌고, 옆줄이 뚜렷하며, 비늘이 커다랗지요. 부채꼴인 1개의 등지느러미는 몸 중앙에서 시작되며, 그보다 크기가 작은 배지느러미와 뒷지느러미 등도 적당한 간격을 두고 발달했습니다. 버들매치의 몸 색깔은 전체적으로 옅은 갈색을 띠면서, 배 부분은 은백색에 가깝습니다. 여기에 옆구리를 중심으로 8~9개의 흑갈색 반점이 흩어져 있지요. 버들매치의 주요 먹이는 동물성 플랑크톤, 수생곤충, 부착조류, 실지렁이 등입니다. 산란기는 4~6월로, 대개 물풀이 우거진 곳에 알을 낳지요. 수컷은 알이 부화할 때까지 곁에서 보호하는 습성이 있습니다.

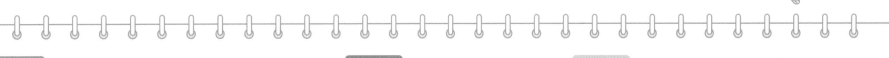

분류	동물계 〉 척삭동물문 〉 경골어강 〉 잉어과	사는곳	한국, 일본, 중국 등	크기	몸길이 8~12센티미터
먹이	동물성 플랑크톤, 수생곤충, 부착조류, 실지렁이 등				

버들붕어

한국, 중국, 일본에 분포합니다. 물이 흐르는 강보다는 연못, 저수지, 늪 같은 곳에 주로 서식하지요. 특히 물풀이 우거진 곳을 좋아합니다. 이 물고기는 '투어'라는 별명이 붙을 만큼 다른 어류들과 다툼을 즐기지요. 특히 번식기가 되면 같은 종의 수컷끼리도 치열한 싸움을 벌이는 것으로 유명합니다. 그런데 버들붕어의 몸길이는 4~7센티미터에 불과한 소형 민물고기입니다. 꼬리자루가 굵은 원통형 몸이 옆으로 아주 납작한 모습이라 얼핏 나뭇잎처럼 보일 정도지요. 머리와 눈은 비교적 큰 편이며, 주둥이는 짧고 뾰족합니다. 입은 비록 작지만 위아래 턱에 조그만 이빨이 가지런히 나 있고, 옆줄은 보이지 않지요. 또한 등지느러미와 뒷지느러미가 몸에 비해 크게 발달했으며, 부채 모양의 꼬리지느러미는 끝부분이 둥그렇습니다. 버들붕어의 몸 색깔은 등 쪽이 짙고 어두운 녹색이며, 배 부분은 옅은 갈색입니다. 주요 먹이는 다른 물고기의 치어와 수생곤충, 동물성 플랑크톤 등이지요. 산란기는 6~7월로, 암컷이 알을 낳는 동안 수컷은 다른 개체의 접근을 적극적으로 막아냅니다.

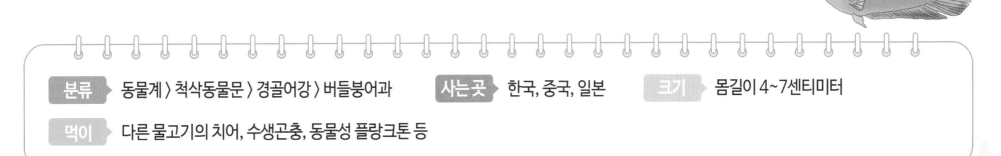

분류	동물계 〉 척삭동물문 〉 경골어강 〉 버들붕어과	**사는곳**	한국, 중국, 일본	**크기**	몸길이 4~7센티미터
먹이	다른 물고기의 치어, 수생곤충, 동물성 플랑크톤 등				

버들치

한국, 중국, 러시아 등에 분포합니다. 하천과 호수를 비롯해 삼림의 계곡물에도 서식하지요. 대체로 1급수에서만 볼 수 있기 때문에, 버들치가 사는 곳이면 수질이 매우 깨끗하다고 인정받습니다. 버들치는 몸길이 8~14센티미터까지 자라납니다. 몸이 가늘고 길며, 옆으로 납작한 형태지요. 눈이 작고, 주둥이가 날렵하며, 입수염은 없습니다. 또한 1개의 등지느러미가 있고, 배지느러미와 뒷지느러미의 간격이 좁지요. 옆줄은 선명하고, 등 쪽으로 어두운 반점들이 흩어져 있습니다. 몸 색깔은 등 부분이 어두운 갈색, 배 부분이 아주 연한 갈색을 띠지요. 버들치는 얼핏 금강모치와 비슷하게 생겼으나 등지느러미에 검은 반점이 없다는 차이가 있습니다. 주요 먹이는 곤충의 유충, 동물성 플랑크톤, 새우, 수생식물 등이지요. 산란기는 4~6월로, 물 흐르는 속도가 느린 여울에 주로 알을 낳습니다. 특히 바닥에 고운 모래가 깔린 곳이 산란하기에 안성맞춤이지요.

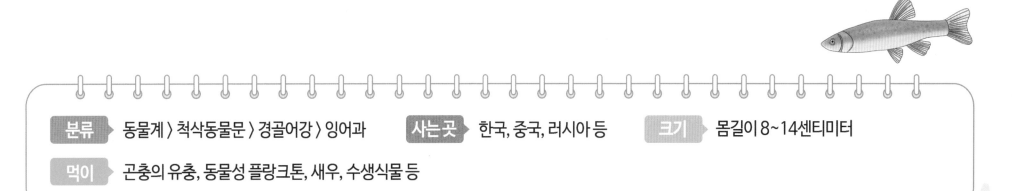

분류	동물계 〉 척삭동물문 〉 경골어강 〉 잉어과	사는곳	한국, 중국, 러시아 등	크기	몸길이 8~14센티미터
먹이	곤충의 유충, 동물성 플랑크톤, 새우, 수생식물 등				

별망둑

한국, 일본 등에 분포합니다. 주로 해안의 바위 사이에 서식하지요. 염분이 높은 강 하류에서도 모습을 볼 수 있습니다. 수질이 별로 좋지 않은 곳에서도 생존력이 강하지요. 별망둑은 몸길이 20~35센티미터까지 성장합니다. 점망둑보다는 크고 풀망둑보다는 작지요. 지역에 따라서는 그냥 '망둥이'라고도 합니다. 망둑어과에 속하는 어류는 우리나라만 해도 42종이나 되지요. 별망둑은 원통형 몸에, 머리 부분이 위아래로 매우 납작합니다. 그와 달리 꼬리 쪽은 갈수록 옆으로 눌린 형태지요. 또한 눈이 작고, 주둥이가 길며, 입은 가로로 넓게 벌어져 있습니다. 가슴지느러미를 비롯해 2개의 등지느러미와 뒷지느러미가 발달했고, 몸 양쪽의 배지느러미는 합쳐져 흡반을 이루었지요. 굵은 꼬리자루에 이어진 부채 모양의 꼬리지느러미는 끝부분이 둥그렇습니다. 별망둑의 몸 색깔은 전체적으로 푸른빛을 띠는 흑갈색입니다. 여기에 희끄무레한 반점들이 흩어져 있지요. 주요 먹이는 동물성 플랑크톤, 식물성 플랑크톤, 갯지렁이, 새우 등입니다.

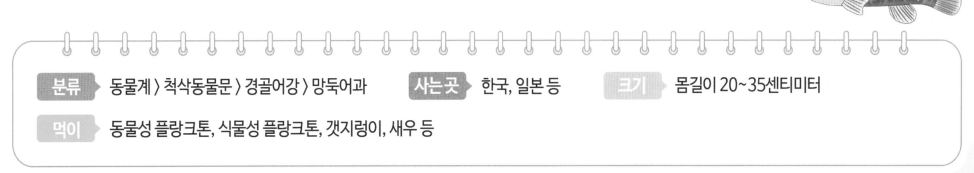

분류	동물계 〉 척삭동물문 〉 경골어강 〉 망둑어과	사는곳	한국, 일본 등	크기	몸길이 20~35센티미터
먹이	동물성 플랑크톤, 식물성 플랑크톤, 갯지렁이, 새우 등				

복섬

우리나라를 비롯한 북서태평양의 따뜻한 바다에 분포합니다. 주로 연안에서 무리지어 헤엄쳐 다니다가 종종 강 하구까지 올라오지요. 그래서 '2차 담수어'로 분류하기도 합니다. 복섬은 몸길이 13~16센티미터까지 자라납니다. 복어류 중에서 작은 편에 속하지요. 몸은 달걀형으로, 머리 부분이 뭉툭하고 꼬리 쪽은 원통 모양입니다. 눈이 크고, 작은 입에는 새부리처럼 생긴 이빨이 나 있지요. 피부에는 작은 가시 같은 것이 폭넓게 솟아 질감이 오톨도톨합니다. 또한 1개의 등지느러미가 꼬리자루 가까이 위치하고, 맞은편에 뒷지느러미가 있지요. 가슴지느러미도 발달했으며, 꼬리지느러미의 가장자리는 수직에 가깝습니다. 복섬은 황갈색 바탕의 등 부분에 흰 반점이 흩어져 있고, 배 쪽은 은백색을 띱니다. 가슴지느러미 위쪽에 1개의 검은 반점이 보이는 것도 눈여겨볼 만한 특징이지요. 물론 복어답게 피부와 내장에 강한 독도 갖고 있습니다. 복섬은 작은 물고기와 새우, 게, 조개 등을 주요 먹이로 삼지요. 산란기는 5~7월로, 연안의 바위 틈이나 자갈 사이에 알을 낳습니다.

분류	동물계 〉 척삭동물문 〉 경골어강 〉 참복과	사는곳	북서태평양	크기	몸길이 13~16센티미터
먹이	작은 물고기, 새우, 게, 조개 등				

부안종개

우리나라, 그것도 전라북도 부안군의 백천에만 분포하는 민물고기입니다. 이름에서 알 수 있듯 종개과의 일종이며, 그 앞에 서식하는 지역명을 붙였지요. 백천의 경우 물이 맑고 바닥이 자갈과 모래로 이루어져 부안종개가 살기에 안성맞춤입니다. 부안종개는 몸길이 6~7센티미터의 소형 민물고기입니다. 몸이 미꾸라지처럼 가늘고 길며, 주둥이가 뾰족한 형태라 하천 바닥을 파고들기 편리하지요. 또한 3쌍의 입수염을 가졌고, 아주 작은 비늘들이 피부에 파묻혀 있습니다. 1개의 등지느러미는 몸 중앙에 위치하며, 맞은편에 배지느러미가 있지요. 옆줄은 불완전하고, 꼬리지느러미의 가장자리는 수직에 가까운 모양입니다. 부안종개의 몸 색깔은 전체적으로 옅은 황색인데, 배 부분에 비해 등 쪽의 농도가 진합니다. 아울러 온몸에 진한 갈색 반점과 줄무늬가 불규칙하게 흩어져 있지요. 주요 먹이는 부착조류와 수생곤충 등입니다. 산란기는 4~6월이며, 알에서 부화한 후 2년 정도 자라야 완전한 성체가 됩니다.

분류	동물계 〉 척삭동물문 〉 경골어강 〉 미꾸리과	사는곳	한국	크기	몸길이 6~7센티미터
먹이	부착조류, 수생곤충				

붕어

한국을 비롯한 동아시아, 유럽, 시베리아 등의 하천에 분포합니다. 호수, 저수지, 물의 흐름이 완만한 하천 중하류에 주로 서식하지요. 특별히 '참붕어'라고 일컫기도 하는데, 그 이유는 떡붕어와 구별하기 위한 것입니다. 붕어는 몸길이 20~40센티미터까지 성장합니다. 몸은 위아래 폭이 넓고 옆으로 납작하며, 보통 크기의 머리에 눈이 작지요. 입은 작고, 잉어와 달리 입수염이 없습니다. 또한 직선에 가까운 옆줄을 가졌으며, 꼬리자루가 두툼하지요. 1개의 등지느러미는 폭이 넓고, 배지느러미와 뒷지느러미의 크기가 비슷합니다. 꼬리지느러미 역시 발달해 힘이 좋아 보이지요. 몸 색깔은 전체적으로 황갈색이나 녹갈색을 띱니다. 배 부분은 색이 옅어 은백색에 가깝고요. 붕어의 주요 먹이는 실지렁이, 곤충의 유충, 민물새우, 수생 식물 등입니다. 산란기는 4~7월로, 물가의 수초에 붙여 놓은 방식으로 알을 낳지요. 붕어는 가뭄이나 수질 오염 등 환경 변화에 강한 물고기로 알려져 있습니다.

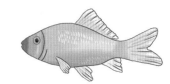

분류 ▶ 동물계 〉 척삭동물문 〉 경골어강 〉 잉어과   **사는곳** 동아시아, 유럽, 시베리아 등   **크기** 몸길이 20~40센티미터

먹이 실지렁이, 곤충의 유충, 민물새우, 수생 식물 등

블루길

원래는 북아메리카에 분포했으나 외래종으로 유입되어 지금은 한국을 비롯한 여러 나라에서 볼 수 있습니다. 물살이 빠르지 않은 하천이나 호수 등에 서식하지요. 아가미뚜껑 끝부분에 진한 청색 무늬가 있어 이름에 '블루'라는 수식어가 붙었다고 합니다. 현재 우리나라에서는 생태계 교란종으로 지정해 관리하고 있지요. 블루길은 몸길이 15~30센티미터까지 자라납니다. 달걀형 몸이 옆으로 납작하고, 주둥이 끝이 뾰족하지요. 넓게 자리 잡은 등지느러미에는 날카로운 가시가 솟아 있습니다. 또한 아래턱이 약간 튀어나왔고, 옆줄이 뚜렷하지요. 몸 색깔은 등 쪽이 짙은 파란색, 배 부분이 노란빛을 띱니다. 여기에 몸통에는 8~9줄의 기다란 줄무늬가 보이지요. 블루길의 주요 먹이는 작은 물고기와 수생곤충, 곤충의 유충, 민물새우 등입니다. 특히 몸집이 작은 토종 물고기를 닥치는 대로 잡아먹어 환경에 끼치는 악영향이 크지요. 산란기는 4~6월로, 번식력이 매우 강한 물고기로 알려져 있습니다.

분류	동물계 〉 척삭동물문 〉 경골어강 〉 검정우럭과	사는곳	북아메리카, 유럽, 아시아 등	크기	몸길이 15~30센티미터
먹이	작은 물고기, 수생곤충, 곤충의 유충, 민물새우 등				

빙어

한국을 비롯한 동아시아와 러시아, 미국 등에 분포합니다. 주로 물이 맑은 호수와 하천에 서식하는데, 일부 종류는 강과 바다를 오가며 생활하기도 하지요. 하지만 그런 경우에도 산란은 반드시 민물에서 합니다. 빙어는 몸길이 10~15센티미터까지 자라납니다. 몸이 가늘고 길며 옆으로 납작한 형태지요. 몸에 비해 입이 크고, 위턱보다 아래턱이 튀어나왔으며, 등지느러미와 꼬리지느러미 사이에 기름지느러미가 있습니다. 아가미뚜껑부터 꼬리지느러미까지 굵은 줄무늬가 보이기도 하고요. 무엇보다 빙어는 몸속이 훤히 들여다보일 만큼 투명하다는 특징이 있지요. 몸 색깔은 등 부분이 옅은 갈색을 띠고, 배 쪽은 흰색에 가깝습니다. 빙어는 동물성 플랑크톤을 주식으로 삼아 살아갑니다. 산란기는 3~4월로, 모래나 자갈이 깔린 호수와 하천 바닥에 알을 낳지요. 알은 8~11도 정도의 수온에서 약 4주 만에 부화합니다. 빙어는 여름철에 눈에 잘 띄지 않는데, 수온이 낮은 깊은 물속으로 들어가기 때문이지요. 그러다가 겨울이면 수면 가까이 올라옵니다.

분류	동물계 〉 척삭동물문 〉 경골어강 〉 바다빙어과	사는곳	동아시아, 러시아, 미국 등	크기	몸길이 10~15센티미터
먹이	동물성 플랑크톤 등				

산천어

한국, 일본, 대만, 러시아 등에 분포합니다. 원래 바다에 내려가 성장하고 산란기에 다시 강으로 올라오는 송어가, 강에서만 생활하는 것으로 습성이 바뀌어 정착한 민물고기지요. 그래서 학명도 송어와 같습니다. 산천어는 주로 수온이 18도를 넘지 않는 강이나 계곡에 서식하지요. 특히 바닥에 모래와 자갈이 깔린 맑은 물을 좋아합니다. 산천어는 대체로 몸길이 20~30센티미터까지 성장합니다. 방추형 몸이 옆으로 약간 납작하며, 아래턱이 위턱보다 조금 튀어나왔고, 입 안에는 날카로운 이빨이 나 있습니다. 또한 등지느러미와 기름지느러미를 가졌고, 꼬리자루가 두툼한 편이지요. 몸 색깔은 등 쪽이 황록색이며, 배 부분은 은백색을 띱니다. 여기에 등과 배 주위에 작은 갈색 반점들이 흩어져 있지요. 아울러 옆구리를 중심으로 흑갈색의 타원형 무늬가 10여 개 보이기도 합니다. 산천어의 주요 먹이는 작은 물고기, 수생곤충, 민물새우 등입니다. 이따금 물 위로 뛰어올라 수면에 날아다니는 곤충을 잡아먹기도 하지요. 산란기는 9~10월입니다.

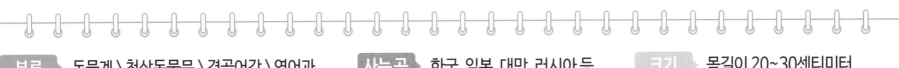

분류	동물계 〉 척삭동물문 〉 경골어강 〉 연어과	사는곳	한국, 일본, 대만, 러시아 등	크기	몸길이 20~30센티미터
먹이	작은 물고기, 수생곤충, 민물새우 등				

살치

한국, 중국, 일본 등에 분포합니다. 물 흐름이 빠르지 않은 하천의 하류나 호수 등에 서식하지요. 살치의 몸길이는 17~20센티미터까지 자라납니다. 몸이 길고 옆으로 매우 납작하지요. 머리가 작고, 눈이 크며, 주둥이가 뾰족하게 튀어나와 있습니다. 또한 입수염이 없고, 아가미구멍이 넓으며, 비늘이 제법 큰 편이지요. 옆줄은 뚜렷하게 보이고요. 몸 중앙에는 1개의 등지느러미가 있고, 그보다 약간 앞쪽에 배지느러미가 위치합니다. 가슴지느러미는 폭이 좁고 긴 형태이며, 꼬리지느러미는 두 갈래로 깊이 갈라졌지요. 뒷지느러미는 굵은 꼬리자루 근처에 자리합니다. 살치의 몸 색깔은 전체적으로 광택이 나는 은백색입니다. 여기에 등 쪽은 청갈색을 띠고, 배 부분은 흰색에 가깝지요. 살치는 주로 수생곤충, 곤충의 유충, 민물새우 등을 잡아먹고 살아갑니다. 산란기는 6~7월로, 물풀에 붙여놓는 방식으로 알을 낳지요.

분류	동물계 〉 척삭동물문 〉 경골어강 〉 잉어과	사는곳	한국, 중국, 일본 등	크기	몸길이 17~20센티미터
먹이	수생곤충, 곤충의 유충, 민물새우 등				

새코미꾸리

우리나라 고유의 토종 민물고기로, 현재는 개체 수가 많지 않습니다. 한강, 금강, 임진강 등에 주로 분포하지요. 경상도의 낙동강에 서식하는 종은 특별히 얼룩새코미꾸리라고 합니다. 이 어류는 물이 맑고 물살이 빠르며 바닥에 자갈이 깔린 환경을 좋아하지요. 새코미꾸리는 몸길이 11~17센티미터까지 자라납니다. 기다란 원통형 몸이 옆으로 납작하며, 눈이 작고 주둥이가 긴 편이지요. 또한 3쌍의 입수염이 보이고, 불완전한 옆줄을 가졌으며, 몸 중앙에 1개의 등지느러미가 있습니다. 그 맞은편에는 배지느러미가 위치하고, 꼬리지느러미의 가장자리는 둥그스름한 모양이지요. 새코미꾸리의 몸 색깔은 전체적으로 옅은 황갈색을 띱니다. 여기에 등과 옆구리를 중심으로 거무스름한 반점이 불규칙하게 흩어져 있지요. 특히 주둥이 끝 부분에는 붉은빛이 감도는데, 그러한 특징 때문에 이름에 '새코'가 붙게 되었습니다. 새코는 주둥이가 빨갛다는 뜻이지요. 새코미꾸리의 주요 먹이는 부착조류입니다. 산란기는 5~6월로 알려져 있습니다.

분류	동물계 〉 척삭동물문 〉 경골어강 〉 미꾸리과	사는곳	한국	크기	몸길이 11~17센티미터
먹이	부착조류				

송사리

한국, 중국, 대만, 일본 등에 분포합니다. 대개 물살이 세지 않고 수심이 깊지 않은 하천이나 연못 등에 서식하지요. 평균 수명이 1~2년에 불과하지만 번식력이 뛰어나 개체 수가 많습니다. 그래서 물방개, 물장군, 게아재비 등의 먹잇감이 되기도 하지요. 송사리는 성체의 몸길이가 4~5센티미터밖에 안 되는 소형 민물고기입니다. 가늘고 긴 몸이 옆으로 납작하며, 몸에 비해 눈이 크고 입이 작지요. 또한 머리 윗부분과 등이 거의 일직선을 이루고, 1개의 등지느러미가 꼬리자루 바로 앞에 위치합니다. 꼬리지느러미가 커서 헤엄치는 속도가 빠른 것도 특징 중 하나지요. 몸 색깔은 전체적으로 맑은 회갈색을 띱니다. 배 쪽으로 갈수록 그 농도가 옅어지지요. 송사리는 주로 동물성 플랑크톤과 물벼룩, 장구벌레 등을 먹고 삽니다. 장구벌레는 모기의 유충이지요. 산란기는 4~10월로, 수온 등 환경만 맞으면 1년에도 두세 차례 이상 알을 낳습니다. 암컷이 알을 달고 다니다가 물풀이 보이면 붙여놓는 방식으로 번식하지요.

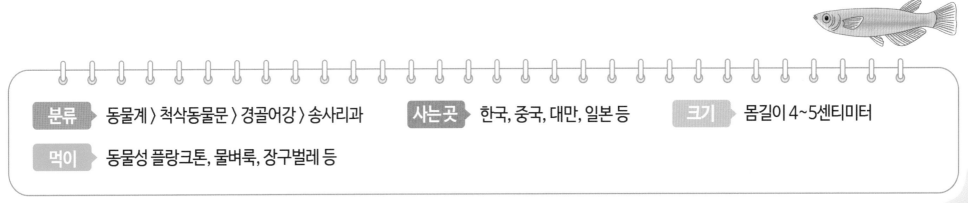

분류 ▶ 동물계 〉 척삭동물문 〉 경골어강 〉 송사리과   **사는곳** ▶ 한국, 중국, 대만, 일본 등   **크기** ▶ 몸길이 4~5센티미터

먹이 ▶ 동물성 플랑크톤, 물벼룩, 장구벌레 등

수수미꾸리

우리나라 고유의 토종 민물고기입니다. 그것도 주로 낙동강에만 분포해 다른 하천에서는 좀처럼 모습을 찾아보기 어렵지요. 대체로 물이 맑고 물살이 빠른 강 상류의 서식 환경을 좋아합니다. 수수미꾸리는 몸길이 11~15센티미터까지 자라납니다. 머리부터 꼬리 자루까지 거의 일직선으로 가느다란 몸이 옆으로 납작하며, 주둥이가 약간 기다랗고, 3쌍의 입수염을 가졌지요. 또한 눈이 작고, 아가미구멍이 좁으며, 몸통에만 보이는 비늘은 아주 작거나 피부에 묻혀 있습니다. 등지느러미와 배지느러미, 뒷지느러미는 몸의 뒤쪽에 위치하고요. 수수미꾸리의 몸 색깔은 연한 황색이며, 작은 흑갈색 반점이 몸 전체에 흩어져 있습니다. 여기에 머리 부분과 가슴지느러미, 배지느러미 등은 살짝 주황빛을 띠기도 하지요. 수수미꾸리의 주요 먹이는 물속 돌멩이에 붙어 자라는 부착조류입니다. 산란기는 5~6월로, 한 마리의 암컷이 수천 개의 알을 하천 바닥의 진흙이나 모래 속에 낳지요.

분류	동물계 〉 척삭동물문 〉 경골어강 〉 미꾸리과	사는곳	한국	크기	몸길이 11~15센티미터
먹이	부착조류				

숭어

태평양, 대서양, 인도양의 따뜻한 바다에 널리 분포합니다. 숭어는 기수어로서, 성장할수록 더 먼 바다로 나가는 특징이 있지요. 여기서 기수어란, 바닷물과 민물을 오가는 물고기를 말합니다. 물론 숭어는 바다에서 지내는 시간이 훨씬 길고, 산란도 상대적으로 수온이 높은 먼 바다에서 하지요. 숭어는 몸길이 60~120센티미터까지 자라납니다. 몸무게는 6~8킬로그램에 이르지요. 몸은 홀쭉하며, 옆으로 납작한 형태입니다. 위쪽이 평평한 갸름한 머리에, 입이 작고 이빨이 거의 보이지 않지요. 등지느러미는 2개를 가졌습니다. 첫 번째 등지느러미의 위치는 몸 중앙에 가깝지요. 아울러 꼬리지느러미가 발달해 강한 힘으로 헤엄을 칠 수 있습니다. 몸 색깔은 등 부분이 회청색이고, 배 쪽은 은백색을 띕니다. 숭어의 주요 먹이는 작은 물고기를 비롯해 곤충의 유충, 새우, 갯지렁이 등입니다. 산란기는 10~2월이며, 평균 수명은 4~5년 정도지요. 숭어는 이따금 물길을 거스르면서 수면 위로 1미터 넘게 뛰어오르는 묘기를 선보이기도 합니다.

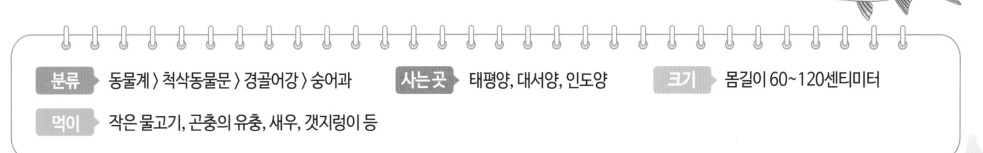

분류	동물계 > 척삭동물문 > 경골어강 > 숭어과	사는곳	태평양, 대서양, 인도양	크기	몸길이 60~120센티미터
먹이	작은 물고기, 곤충의 유충, 새우, 갯지렁이 등				

쉬리

우리나라 고유의 토종 민물고기입니다. 남한 지역에 폭넓게 분포하지요. 물이 맑고 바닥에 자갈이 깔린 하천 중·상류 지역에 주로 서식합니다. 쉬리는 몸길이 10~15센티미터까지 자라납니다. 원통형 몸이 가늘고 길며 옆으로 납작하지요. 머리와 주둥이가 갸름하고, 입이 작으며, 입수염은 없습니다. 옆줄은 곧게 뻗어 뚜렷하고, 몸에 비해 비늘의 크기가 큰 편이지요. 또한 몸의 중앙에 1개의 등지느러미가 있고, 맞은편에 배지느러미가 위치합니다. 특히 보통 크기인 각 지느러미들에 비해 굵은 꼬리자루가 눈에 띄지요. 쉬리의 몸 색깔은 등 쪽이 어두운 황갈색이고, 배 부분은 푸른빛을 띠는 흰색입니다. 여기에 옆구리를 가로질러 노란 줄무늬가 보이며, 그 위아래로 다채롭고 아름다운 빛깔들이 어른거리지요. 그 덕분에 쉬리는 관상어로도 인기가 높습니다. 주요 먹이는 수생곤충과 곤충의 유충 등이지요. 산란기는 4~5월로, 암컷이 자갈 등에 붙여놓는 방식으로 한배에 1천 개가 넘는 알을 낳습니다.

| 분류 | 동물계 〉 척삭동물문 〉 경골어강 〉 잉어과 | 사는곳 | 한국 | 크기 | 몸길이 10~15센티미터 |
| 먹이 | 수생곤충, 곤충의 유충 등 | | | | |

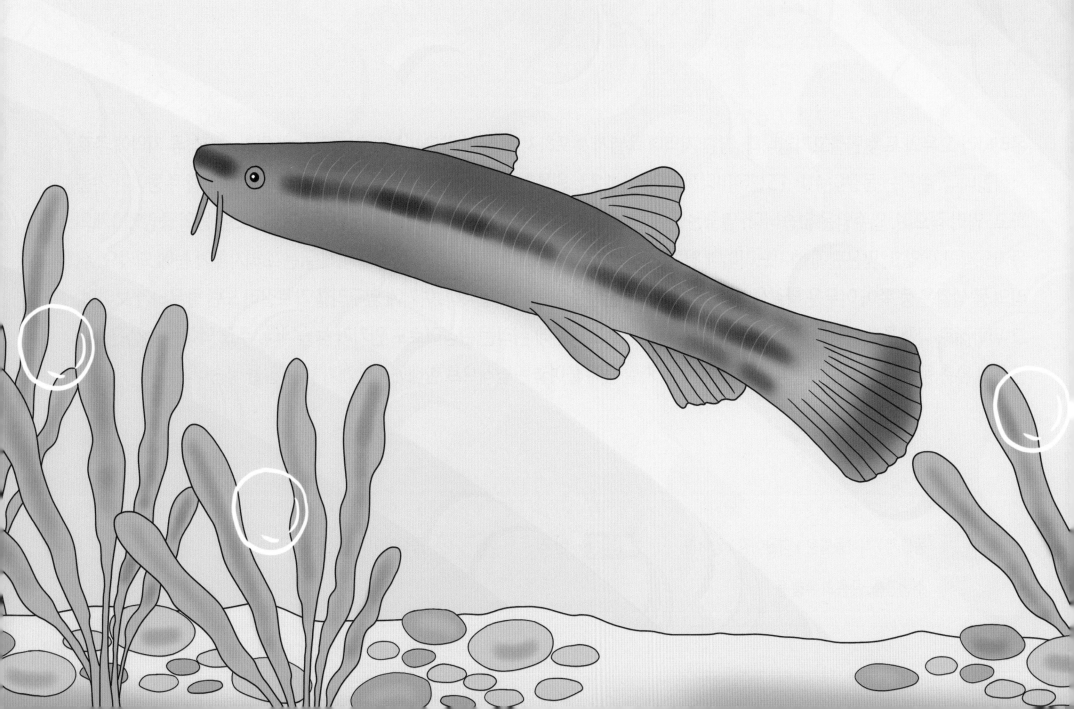

쌀미꾸리

한국, 중국, 러시아 등에 분포합니다. 우리나라의 경우 한반도 전역에 널리 서식하지요. 주로 바닥이 진흙으로 이루어졌으면서, 수심이 얕고 물풀이 우거진 환경을 좋아합니다. 쌀미꾸리는 몸길이 5~6센티미터까지 자라는 소형 민물고기입니다. 미꾸리보다는 조금 짧지만, 가늘고 기다란 몸을 가졌지요. 머리가 위아래로 납작한 반면에 꼬리자루는 옆으로 눌린 형태입니다. 위턱이 아래턱보다 튀어나왔고, 길쭉한 3쌍의 입수염이 눈에 띄지요. 또한 옆줄이 보이지 않고, 비늘은 피부에 파묻혀 있습니다. 끝이 둥근 1개의 등지느러미는 몸 중앙보다 약간 뒤쪽에 위치하고, 맞은편에 배지느러미가 보이지요. 부채꼴로 짧게 퍼져 있는 꼬리지느러미는 가장 자리가 둥그스름합니다. 쌀미꾸리의 몸 색깔은 전체적으로 황갈색입니다. 등 쪽보다 배 부분의 농도가 옅지요. 여기에 등과 옆구리를 중심으로 작고 어두운 반점들이 잔뜩 흩어져 있습니다. 주요 먹이는 수생곤충, 동물성 플랑크톤, 곤충의 유충 등이지요. 산란기는 4~6월로, 물풀에 붙여놓는 방식으로 알을 낳습니다.

분류 ▶ 동물계 〉 척삭동물문 〉 경골어강 〉 종개과   **사는곳** ▶ 한국, 중국, 러시아 등   **크기** ▶ 몸길이 5~6센티미터

먹이 ▶ 수생곤충, 동물성 플랑크톤, 곤충의 유충 등

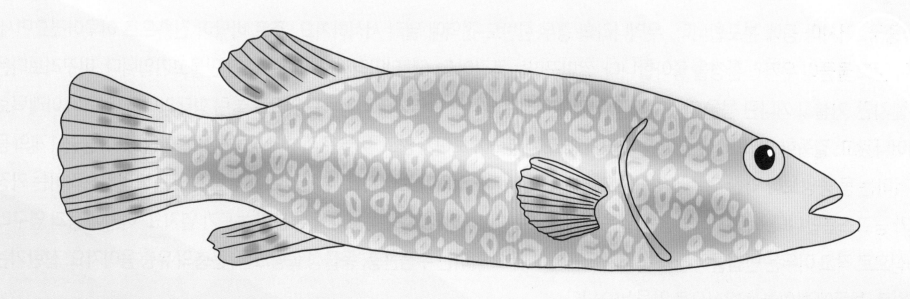

쏘가리

한국, 중국 등에 분포합니다. 물이 맑고 비교적 물살이 센 큰 강의 중류에 주로 서식하지요. 특히 바위가 많은 곳을 좋아합니다. 우리 나라 민물고기 중에서는 최상위 포식자 중 하나지요. 거의 무리를 짓지 않고 단독생활을 하는 습성이 있습니다. 쏘가리는 몸길이 20~70센티미터까지 성장합니다. 긴 몸이 옆으로 눌린 형태이며, 머리가 길고 입이 크지요. 몸에는 작고 둥근 비늘이 덮여 있고, 머리 뒤쪽부터 길게 이어지는 등지느러미를 가졌습니다. 또한 아래턱이 위턱보다 길며, 옆줄이 선명하게 보이지요. 몸 색깔은 전체 적으로 황갈색 바탕에 흑갈색 반점이 흩어져 있는 모습입니다. 마치 표범처럼 말이지요. 그와 같은 반점은 각 지느러미에도 나타납 니다. 쏘가리의 주요 먹이는 작은 물고기와 민물새우 등입니다. 바위 틈 등에 숨어 있다가 먹잇감이 지나가면 단박에 낚아채지요. 산란기는 5~7월로, 자갈이 많이 깔린 강바닥에 알을 낳습니다. 쏘가리는 수온이 내려가는 겨울에는 거의 움직임이 없는 특징도 갖고 있지요.

분류	동물계 〉 척삭동물문 〉 경골어강 〉 꺽지과	사는곳	한국, 중국 등	크기	몸길이 20~70센티미터
먹이	작은 물고기, 민물새우 등				

어름치

우리나라 토종 민물고기입니다. 주로 한강, 금강, 임진강의 중상류에 분포하지요. 수심이 깊고 깨끗한 수질 환경을 좋아합니다. 대한민국 천연기념물 제259호로 지정되어 있지요. 어름치는 몸길이 15~35센티미터까지 자라납니다. 앞쪽이 굵고 뒤로 갈수록 가늘어지는 원통형 몸에, 기다란 주둥이와 입 가장자리에 1쌍의 짧은 수염을 가졌지요. 또한 1개의 등지느러미가 몸 중앙에 발달했고, 배지느러미와 뒷지느러미의 크기가 비슷합니다. 두툼한 꼬리자루에 두 갈래로 갈라진 꼬리지느러미도 눈길을 끌지요. 어름치의 몸 색깔은 등 부분이 갈색이며, 배 쪽에 가까울수록 농도가 옅어져 은백색을 띱니다. 여기에 옆구리를 중심으로 눈동자보다 약간 작은 검은 반점이 흩어져 7~8줄의 무늬를 이루고 있지요. 각 지느러미에도 검은 줄무늬가 보이고요. 어름치의 주요 먹이는 수생곤충, 곤충의 유충, 민물새우, 부착조류 등입니다. 산란기는 4~5월로, 강바닥에 알을 낳은 다음 주변에 자갈이나 모래를 쌓아 보호하지요. 그것을 산란탑이라고 하는데, 높이가 5~8센티미터나 됩니다.

분류	동물계 〉 척삭동물문 〉 경골어강 〉 잉어과	사는곳	한국	크기	몸길이 15~35센티미터
먹이	수생곤충, 곤충의 유충, 민물새우, 부착조류 등				

얼룩동사리

우리나라 고유의 토종 민물고기입니다. 주로 금강보다 위쪽에 위치한 하천에 분포하지요. 물살이 느리고 바닥에 자갈이 깔린 서식 환경을 좋아합니다. 얼룩동사리의 몸길이는 10~15센티미터까지 자라납니다. 몸의 앞부분은 머리가 위아래로 눌린 원통형에 가깝지만, 뒤로 갈수록 점점 옆으로 납작한 모습이지요. 눈이 아주 작고, 입이 크고 주둥이가 길며, 아래턱이 위턱보다 튀어나왔습니다. 또한 옆줄이 보이지 않고, 2개의 등지느러미를 가졌지요. 배지느러미보다 길고 넓은 가슴지느러미도 눈에 띄는 특징입니다. 꼬리지느러미는 끝이 둥근 부채 같은 모양이지요. 얼룩동사리의 몸 색깔은 전체적으로 황갈색을 띠는데, 배 쪽으로 갈수록 농도가 옅어져 밝은 노란빛을 띱니다. 주요 먹이로는 작은 물고기와 수생곤충 등을 즐겨 잡아먹지요. 산란기는 4~6월로, 암컷이 하천 바닥의 자갈이나 바위에 붙여놓는 방식으로 알을 낳습니다. 이 시기에 '꾸구꾸구' 하는 소리를 내기 때문에 '꾸구리'라고 부르기도 하지요.

분류	동물계 〉 척삭동물문 〉 경골어강 〉 동사리과	사는곳	한국	크기	몸길이 10~15센티미터
먹이	작은 물고기, 수생곤충 등				

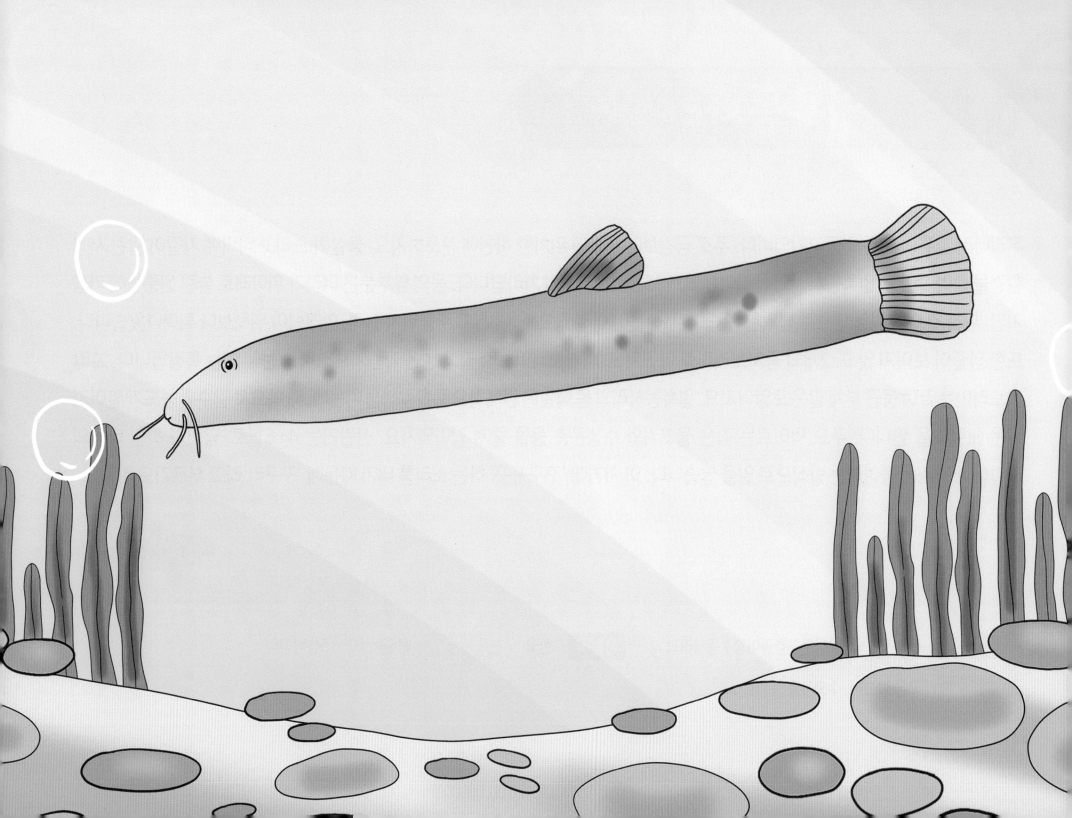

얼룩새코미꾸리

우리나라 토종 민물고기입니다. 경상도의 낙동강에 주로 분포하지요. 물살이 빠르고 바닥에 돌과 자갈이 많은 하천 중상류에 서식합니다. 현재 멸종 위기 야생생물 1급으로 지정해 보호하고 있지요. 얼룩새코미꾸리는 기다란 원통형 몸이 뒤로 갈수록 옆으로 납작합니다. 몸길이 10~14센티미터에, 주둥이가 길고 눈이 작으며, 3쌍의 입수염이 있지요. 옆줄은 가슴지느러미를 넘지 않고, 몸 중앙에 1개의 등지느러미가 보입니다. 그 맞은편에 배지느러미가 있고요. 몸 색깔은 전체적으로 황갈색을 띠면서, 등을 중심으로 온몸에 검은 반점들이 불규칙하게 흩어져 있는 모습입니다. 얼룩새코미꾸리의 주요 먹이는 강바닥 돌멩이에 붙어 자라는 조류입니다. 산란기는 5~6월로 알려져 있지요. 그 밖의 생태에 관해서는 아직 연구가 더 필요한데, 그 이유는 2000년이 되어서야 이 물고기가 새로운 종으로 인정받았기 때문입니다. 그 전에는 그냥 새코미꾸리로 여겨졌던 것이지요.

분류	동물계 〉 척삭동물문 〉 경골어강 〉 미꾸리과	사는곳	한국	크기	몸길이 10~14센티미터
먹이	부착조류 등				

연어

북태평양과 대서양을 중심으로 분포합니다. 강에서 산란하고 부화한 뒤, 이듬해 봄이 되면 치어들이 바다로 이동해 성장하지요. 그리고 3~6년이 지나 완전한 성체가 되면 다시 자기가 태어난 강으로 돌아와 번식 활동을 합니다. 산란과 수정을 마친 연어는 그 자리에서 일생을 마치게 되지요. 보통 1마리의 암컷이 수천 개의 알을 낳습니다. 연어는 몸길이 60~100센티미터까지 자라납니다. 기다란 원통형 몸이 옆으로 약간 납작한 모습이지요. 머리는 원뿔형이며, 주둥이가 뾰족한 편이고, 등지느러미와 꼬리지느러미 사이에 작은 기름지느러미가 있습니다. 몸 색깔은 등 쪽이 어두운 청색, 배 부분은 은백색을 띱니다. 여기에 산란기가 되면 옆구리에 불규칙한 붉은색 무늬가 나타나기도 하지요. 연어가 민물에서 생활하는 기간은 부화 후 2~3개월 정도입니다. 그때는 동물성 플랑크톤 등을 먹다가 바다로 가서는 작은 물고기와 새우, 게, 갯지렁이 등을 잡아먹지요. 그런데 산란을 위해 강으로 올라오고 나서는 아무것도 먹지 않은 채 오로지 번식 활동에만 집중한다고 합니다. 그렇게 처음이자 마지막으로 알을 낳고 수정한 뒤 암수 모두 죽음을 맞지요.

분류	동물계 〉 척삭동물문 〉 경골어강 〉 연어과	사는곳	북태평양, 대서양	크기	몸길이 60~100센티미터
먹이	작은 물고기, 새우, 게, 갯지렁이 등				

연준모치

한국, 중국, 러시아를 비롯해 유럽 대륙에 널리 분포합니다. 수온이 낮고 물이 맑으며, 바닥에 자갈이 깔린 계곡 등에 서식하지요. 대개 무리지어 활동하는데, 우리나라보다는 유럽에 개체 수가 훨씬 많습니다. 연준모치는 몸길이 6~9센티미터까지 자라납니다. 방추형 몸이 옆으로 눌린 모습이며, 눈이 크고 주둥이 끝이 둥그렇지요. 입수염은 없고, 아가미구멍이 넓으며, 옆줄이 불분명합니다. 또한 1개의 등지느러미가 몸 뒤쪽에 위치하고, 꼬리지느러미가 두 갈래로 깊게 갈라져 있지요. 뒷지느러미는 모양과 크기가 등지느러미와 매우 비슷합니다. 그 밖에 가슴지느러미는 폭이 넓은 편이고, 배지느러미는 작으면서 끝이 둥글지요. 연준모치의 몸 색깔은 등 쪽이 초록빛이나 보랏빛을 띠는 갈색이고, 배 부분은 은백색입니다. 여기에 옆구리를 중심으로 10여 개의 얼룩무늬가 보이지요. 연준모치의 주요 먹이는 수생곤충, 민물새우, 부착조류 등입니다. 산란기는 4~7월로 알려져 있지요. 현재 우리나라에서는 멸종위기 야생생물 2급으로 지정해 보호하고 있습니다.

| **분류** | 동물계 〉 척삭동물문 〉 경골어강 〉 잉어과 | **사는곳** | 한국, 중국, 러시아, 유럽 대륙 | **크기** | 몸길이 6~9센티미터 |
| **먹이** | 수생곤충, 민물새우, 부착조류 등 | | | | |

열목어

한국, 몽골, 러시아 등에 분포합니다. 수질이 깨끗하고 수온이 낮은 하천에만 서식하지요. 따라서 평균 기온이 올라가고 각종 환경 오염에 시달리는 최근에는 개체 수가 부쩍 줄어들었습니다. 그래서 일부 서식지 자체를 천연기념물로 지정해 열목어를 보호하고 있지요. 남한강 상류와 낙동강 상류가 바로 그런 지역입니다. 열목어는 대체로 몸길이 20~50센티미터까지 성장합니다. 드물게 100센티미터 가까이 자라나는 개체도 있지요. 열목어는 몸이 길고 옆으로 납작한 모습입니다. 눈이 크고 입이 작으며, 각각 1개의 등지느러미와 기름지느러미를 가졌지요. 아울러 1쌍의 덧지느러미도 보입니다. 몸 색깔은 전체적으로 은백색을 띠며, 등 부분을 중심으로 작은 반점이 흩어져 있지요. 그러다가 산란기가 되면 온몸에 붉은빛이 돌면서 지느러미에 무지개빛이 나타납니다. 열목어의 주요 먹이는 작은 물고기, 수생곤충, 곤충의 유충 등입니다. 산란기는 4~5월로, 바닥이 모래와 자갈로 된 곳에 알을 낳지요.

분류 ▶ 동물계 〉 척삭동물문 〉 경골어강 〉 연어과   **사는곳** ▶ 한국, 몽골, 러시아 등   **크기** ▶ 몸길이 20~50센티미터

먹이 ▶ 작은 물고기, 수생곤충, 곤충의 유충 등

왜매치

우리나라 고유의 토종 민물고기입니다. 주로 서해와 남해로 흘러드는 하천 중·하류에 분포하지요. 동해와 닿아 있는 하천에는 개체 수가 많지 않습니다. 특히 바닥에 모래나 자갈이 깔려 있고, 물살이 빠르지 않은 여울 같은 곳을 좋아하지요. 왜매치는 보통 몸길이 6~8센티미터까지 성장합니다. 가늘고 기다란 원통형 몸이 위아래로 약간 납작한 형태지요. 머리가 작고, 눈이 크며, 주둥이가 짧고, 1쌍의 입수염을 가졌습니다. 또한 몸 중앙에 발달한 1개의 등지느러미가 보이고, 그보다 작은 배지느러미와 뒷지느러미가 있지요. 몸에 비해 꼬리자루는 굵은 편입니다. 왜매치의 몸 색깔은 전체적으로 노란빛이 도는 회갈색을 띱니다. 등 쪽의 농도가 짙은 반면에 배 쪽은 은백색에 가깝지요. 여기에 옆줄을 따라 7~8개의 검은 반점이 보이는 것도 중요한 특징입니다. 그 밖에 몸 곳곳에도 작은 반점들이 흩어져 있는 모습이지요. 왜매치는 무리지어 생활하는 습성이 있으며, 주요 먹이는 하천 속 바위 등에 붙어 자라는 부착조류입니다. 산란기는 4~6월로, 이때 수컷의 몸 색깔은 흑갈색으로 변하지요.

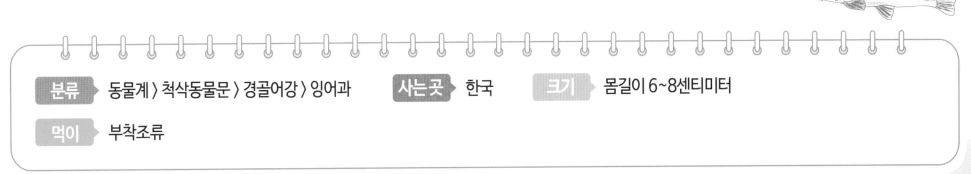

분류 ▶ 동물계 〉 척삭동물문 〉 경골어강 〉 잉어과   **사는곳** ▶ 한국   **크기** ▶ 몸길이 6~8센티미터

먹이 ▶ 부착조류

은어

한국, 일본, 중국, 대만 등에 분포합니다. 수질이 깨끗한 하천에 서식하는데, 특히 바닥에 자갈이나 모래가 깔린 곳을 좋아하지요. 알에서 부화한 은어는 치어 때 바다로 내려가 살다가, 몸길이가 약 6센티미터쯤 자라면 강으로 돌아와 일생을 보냅니다. 물론 산란도 하천에서 하며, 알을 낳고 나면 곧 죽음을 맞지요. 은어의 성체는 몸길이 15~25센티미터까지 성장합니다. 가늘고 긴 몸이 옆으로 납작하며, 1개의 등지느러미와 기름지느러미를 가졌고, 몸에는 자잘한 비늘이 덮여 있지요. 또한 입이 크고 주둥이가 뾰족한 편이며, 위턱 앞에 돌기가 보입니다. 몸 색깔은 등 쪽이 푸른빛이 도는 회갈색이고, 배 부분은 은백색에 가깝지요. 은어는 많은 개체가 무리를 지어 사는 습성이 있습니다. 주요 먹이는 바위와 자갈 등의 표면에 붙어 있는 조류입니다. 여기서 조류란 뿌리, 잎, 줄기가 구분되지 않고 포자로 번식하는 수생식물을 일컫지요. 은어의 산란기는 9~10월이고, 평균 수명은 1년 정도입니다.

분류	동물계 〉 척삭동물문 〉 경골어강 〉 바다빙어과	사는곳	한국, 일본, 중국, 대만 등	크기	몸길이 15~25센티미터
먹이	바위와 자갈 등의 표면에 붙어 있는 조류				

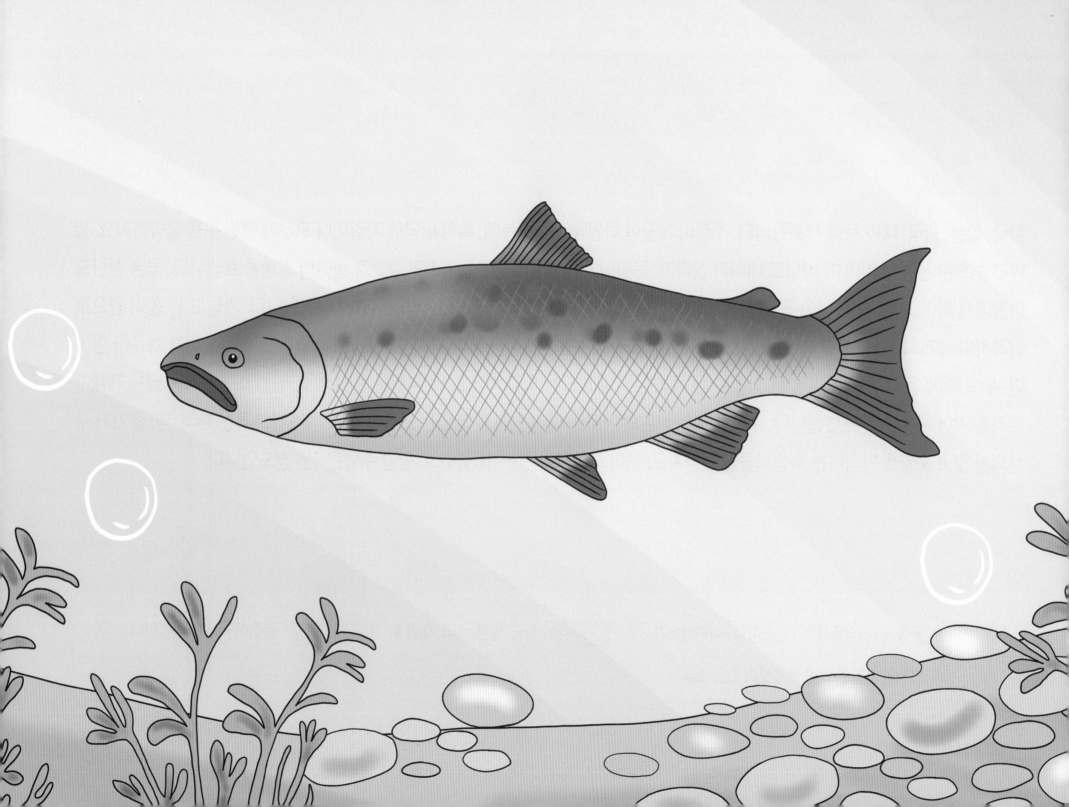

은연어

북태평양을 중심으로 분포합니다. 어미가 강에 산란한 뒤 부화하면 1년쯤 민물에서 살다가 바다로 내려가 생활하지요. 그 후 성체가 되면 다시 강으로 올라와 알을 낳고 죽음을 맞습니다. 일반 연어와 마찬가지로 대표적인 회귀성 물고기 중 하나지요. 은연어는 몸길이 50~90센티미터까지 자라납니다. 일반 연어와 비슷하거나 약간 작은 편이지요. 몸의 형태는 방추형이며 옆으로 약간 납작합니다. 보통 크기의 머리에, 입 안에는 날카로운 이빨이 나 있지요. 몸 중앙에 1개의 등지느러미가 위치하고, 그 맞은편에 배지느러미가 보입니다. 등지느러미와 꼬리지느러미 사이에는 1개의 기름지느러미가 있고요. 몸 색깔은 등 쪽이 어두운 청색을 띠고, 배 부분은 은백색입니다. 여기에 등에는 작고 검은 반점이 드문드문 나타나 있지요. 은연어는 강에서 생활할 때 주로 동물성 플랑크톤과 수생 곤충 등을 먹습니다. 그 시기에는 몸집이 별로 크지 않기 때문이지요. 그러다가 바다로 가서는 작은 물고기와 새우, 오징어 등을 주요 먹이로 삼습니다. 산란기는 봄철이며, 한 마리의 암컷이 수천 개의 알을 낳지요.

분류 ▶ 동물계 〉 척삭동물문 〉 경골어강 〉 연어과   **사는곳** ▶ 북태평양   **크기** ▶ 몸길이 50~90센티미터

먹이 ▶ 동물성 플랑크톤, 수생곤충, 작은 물고기, 오징어 등

임실납자루

우리나라 고유의 토종 민물고기입니다. 전라북도 임실군의 섬진강에 분포하지요. 주로 수심이 얕고 물풀이 무성한 곳에 서식합니다. 현재 멸종 위기 야생생물 1급으로 지정해 보호하고 있습니다. 임실납자루는 몸길이가 5~6센티미터밖에 안 되는 소형 물고기입니다. 옆으로 납작한 계란형 몸에, 큰 눈과 1쌍의 입수염을 갖고 있지요. 또한 몸 중앙에서 시작된 1개의 커다란 등지느러미가 보이며, 뒷지느러미의 크기도 그와 비슷합니다. 그에 비해 배지느러미는 작고, 두툼한 꼬리자루에 두 갈래로 갈라진 꼬리지느러미가 있지요. 몸 색깔은 전체적으로 어두운 갈색을 띠는데, 배 쪽으로 내려갈수록 농도가 옅어져 연한 주황빛을 나타냅니다. 임실납자루의 주요 먹이는 수생곤충과 부착조류 등입니다. 산란기는 5~6월로, 이때 암컷의 경우 항문 근처에 기다란 산란관이 발달하지요. 그것을 이용해 조개의 껍데기 속에 알을 낳는 것입니다. 그 덕분에 임실납자루의 알은 천적으로부터 보호받을 수 있지요.

분류 ▶ 동물계 〉 척삭동물문 〉 경골어강 〉 잉어과   사는곳 ▶ 한국   크기 ▶ 몸길이 5~6센티미터

먹이 ▶ 수생곤충, 부착조류 등

잉어

유라시아 대륙을 중심으로 세계 각지에 분포합니다. 주로 큰 강과 호수에 서식하는데, 물살이 세지 않으면서 바닥이 진흙으로 된 곳을 좋아하지요. 다양한 수생생물을 먹잇감으로 삼는데다 환경 변화에 대한 적응이 뛰어나 생명력이 강한 민물고기입니다. 잉어는 대체로 몸길이 50~110센티미터까지 성장합니다. 위아래 폭이 넓은 긴 원통형 몸이 옆으로 납작한 모습이지요. 머리는 원뿔 모양이고 주둥이 끝이 둥글며, 2쌍의 입수염이 보입니다. 또한 몸 중앙에서 시작되는 1개의 등지느러미가 꼬리자루 앞까지 이어지고, 몸에는 크고 둥근 비늘이 덮여 있지요. 무엇보다 잉어는 입수염이 있어 붕어와 구별됩니다. 몸 색깔은 전체적으로 녹갈색을 띠는데, 등 부분의 농도가 짙고 배 쪽은 연하지요. 잉어는 식성이 좋아 동물성 먹이와 식물성 먹이를 가리지 않고 해치웁니다. 작은 물고기, 새우, 수생곤충, 곤충의 유충, 수생식물 등을 즐겨 먹지요. 산란기는 5~6월로, 물풀 따위에 붙여놓는 방식으로 알을 낳습니다. 잉어의 평균 수명은 10년 이상 되는 것으로 알려져 있지요.

분류 ▶	동물계 〉 척삭동물문 〉 경골어강 〉 잉어과	사는곳 ▶	유라시아 대륙 등	크기 ▶	몸길이 50~110센티미터
먹이 ▶	작은 물고기, 새우, 수생곤충, 곤충의 유충, 수생식물 등				

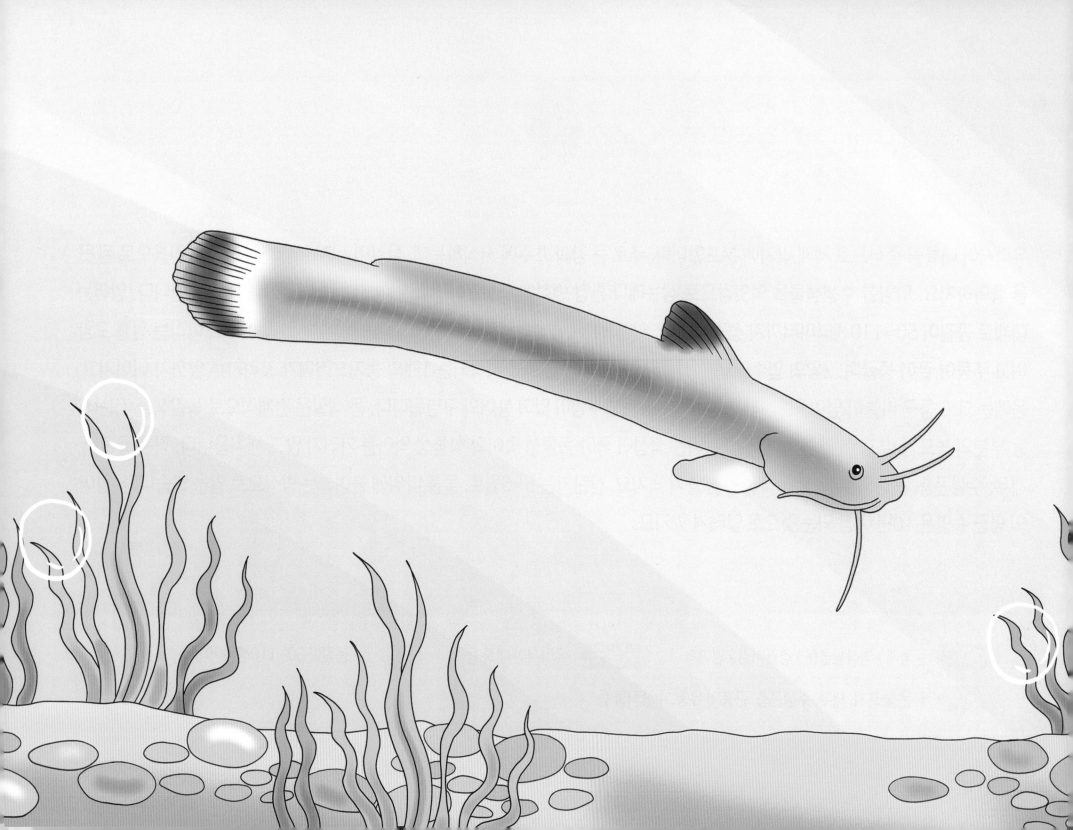

자가사리

우리나라 고유의 토종 민물고기입니다. 금강, 낙동강 등 주로 남부 지방의 하천에 분포하지요. 물이 맑고 바닥에 자갈과 바위가 많은 강 상류의 환경을 좋아합니다. 자가사리는 몸길이 10~15센티미터까지 자라납니다. 길고 둥그스름한 몸이 옆으로 납작한 모습이지요. 머리는 위아래로 눌린 형태이며, 눈이 작고, 입은 좌우로 넓게 벌어져 있습니다. 아래턱이 위턱보다 짧은데, 이것으로 비슷하게 생긴 퉁가리와 구별되지요. 또한 4쌍의 입수염을 가졌고, 비늘은 없습니다. 몸 앞쪽에는 1개의 등지느러미가 있고, 낮고 기다란 기름지느러미도 볼 수 있지요. 가슴지느러미 안쪽에 있는 4~6개의 가시도 개성적입니다. 자가사리의 몸 색깔은 전체적으로 붉은빛이 도는 황갈색입니다. 등 쪽의 농도가 짙고, 배 부분은 옅지요. 주요 먹이는 곤충의 유충, 수생곤충 등입니다. 산란기는 5~6월로, 한 마리의 암컷이 한배에 100개 남짓한 알을 낳습니다.

분류	동물계 > 척삭동물문 > 경골어강 > 퉁가리과	사는곳	한국	크기	몸길이 10~15센티미터
먹이	곤충의 유충, 수생곤충 등				

잔가시고기

우리나라의 토종 민물고기입니다. 물이 맑고 돌과 물풀이 많은 하천 중류에 주로 서식하지요. 한때 멸종 위기 야생생물 2급으로 보호받다가 지금은 해제되었습니다. 잔가시고기는 몸길이 5센티미터 안팎까지 성장합니다. 몸이 옆으로 납작하며, 머리와 눈이 크고, 주둥이가 비스듬하게 위로 들린 모습이지요. 무엇보다 등 쪽에 있는 7~9개의 예리한 가시가 눈에 띕니다. 그 가시들은 일정한 간격을 두고 위치하지요. 아울러 작은 몸에 비해서도 유난히 가느다란 꼬리자루 역시 매우 개성적입니다. 몸 색깔은 전체적으로 갈색을 띠는데, 등에서 배 부분으로 갈수록 농도가 옅어지지요. 그러다가 수컷의 경우 산란기가 되면 몸 곳곳에 검은빛이 돕니다. 잔가시고기의 주요 먹이는 곤충의 유충과 작은 수생곤충, 동물성 플랑크톤, 실지렁이 등입니다. 산란기는 4~8월로, 물풀 사이에 암컷이 알을 낳지요. 그리고 치어가 부화하면 수컷이 한동안 보호하는 습성이 있습니다.

분류	동물계 〉 척삭동물문 〉 경골어강 〉 큰가시고기과	사는곳	한국	크기	몸길이 5센티미터 안팎
먹이	곤충의 유충, 작은 수생곤충, 동물성 플랑크톤, 실지렁이 등				

좀수수치

우리나라 고유의 토종 민물고기입니다. 전라남도 일부 지역의 하천에서만 적은 수의 개체를 볼 수 있지요. 따라서 멸종 위기 야생생물 1급으로 지정해 보호하고 있습니다. 수심이 얕고 물 흐름이 빠르며, 바닥에 자갈이 깔린 환경을 좋아하지요. 좀수수치는 몸길이 5센티미터 안팎까지 자라납니다. 거의 일직선에 가까운 기다란 몸이 옆으로 납작하지요. 머리와 눈이 작고, 눈 밑에는 작은 가시 같은 것이 보입니다. 입 주변에는 3쌍의 입수염이 나 있지요. 또한 옆줄은 불완전하며, 비늘이 아주 작고 투명합니다. 몸 중앙에 1개의 등지느러미가 있고, 맞은편에 배지느러미가 위치하지요. 꼬리지느러미는 뭉툭하고 끝이 둥그런 모양입니다. 좀수수치의 몸 색깔은 등 쪽이 옅은 황갈색이고, 배 부분은 흰색에 가깝습니다. 여기에 등을 중심으로 짙은 갈색 반점이 흩어져 있으며, 옆구리에는 13~19개의 짙은 갈색 줄무늬가 규칙적으로 나열되었지요. 좀수수치의 주요 먹이는 작은 수생곤충입니다. 산란기는 4~5월로, 한 마리의 암컷이 한배에 50개 정도밖에 안 되는 적은 수의 알을 낳습니다.

분류	동물계 〉 척삭동물문 〉 경골어강 〉 미꾸리과	사는곳	한국	크기	몸길이 5센티미터 안팎
먹이	작은 수생곤충 등				

종개

한국, 중국, 일본, 러시아 등에 분포합니다. 주로 모래나 자갈이 많은 하천 상류의 여울에 서식하지요. 대륙종개와 비슷하게 생겼으나, 몸에 있는 검은 반점이 더 크고 선명합니다. 종개는 몸길이 10~20센티미터까지 자라납니다. 가늘고 긴 원통형 몸이 뒤쪽으로 갈수록 옆으로 납작하지요. 또한 눈이 작고, 비늘이 작으며, 옆줄이 뚜렷합니다. 입 주변에는 3쌍의 수염을 볼 수 있고요. 종개는 가슴지느러미의 모양에 따라 암수를 구별하는 것이 가능합니다. 그 끝이 수컷은 뾰족하고 암컷은 둥글기 때문이지요. 그 밖에 몸 중앙에는 1개의 등지느러미가 위치하고, 꼬리지느러미 끝의 가장자리는 수직에 가깝습니다. 종개의 몸 색깔은 전체적으로 황갈색을 띕니다. 등 쪽은 농도가 짙고, 배 부분은 농도가 옅다는 차이가 있을 뿐이지요. 그리고 몸에 구름 모양의 어두운 갈색 무늬와 여러 개의 작은 반점들이 줄지어 나타나 있습니다. 종개의 주요 먹이는 동물성 플랑크톤, 부착조류, 곤충의 유충 등이지요. 산란기는 4~5월로 알려져 있습니다.

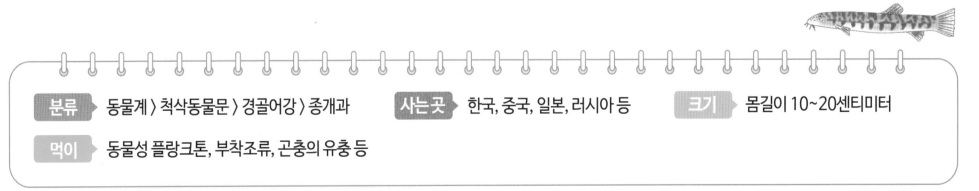

분류 ▶ 동물계 〉 척삭동물문 〉 경골어강 〉 종개과   **사는곳** ▶ 한국, 중국, 일본, 러시아 등   **크기** ▶ 몸길이 10~20센티미터

먹이 ▶ 동물성 플랑크톤, 부착조류, 곤충의 유충 등

종어

중국을 중심으로 우리나라에도 분포합니다. 주로 바닥에 모래와 진흙이 깔려 있는 큰 강의 하류에 서식하지요. 20년 가까이 장수하는 물고기로 알려져 있으며, 겨울에는 여러 마리가 물속 바위 밑에 모여 추위를 견뎌냅니다. 종어는 몸길이 30~60센티미터까지 자라납니다. 몸무게도 3킬로그램이 넘는 제법 큰 민물고기지요. 원통형 몸이 뒤로 갈수록 옆으로 납작하며, 머리는 위아래로 눌린 형태입니다. 주둥이가 길고, 4쌍의 입수염이 있지요. 또한 1개의 등지느러미와 기름지느러미를 가졌고, 가슴지느러미 가시 안쪽으로 10여 개의 톱니 모양이 보입니다. 그 밖에 비늘은 없으며, 옆줄이 뚜렷하지요. 종어의 몸 색깔은 등 쪽이 짙은 황갈색이고, 배 부분은 회백색입니다. 주요 먹이는 작은 물고기, 수생곤충, 민물새우, 실지렁이 등이지요. 한때 우리나라에서는 거의 멸종된 것으로 알려졌으나, 종 복원을 위한 꾸준한 노력 덕분에 개체 수가 많이 늘었습니다.

분류 ▶ 동물계 〉 척삭동물문 〉 경골어강 〉 동자개과　　**사는곳** ▶ 한국, 중국 등　　**크기** ▶ 몸길이 30~60센티미터

먹이 ▶ 작은 물고기, 수생곤충, 민물새우, 실지렁이 등

줄납자루

우리나라 고유의 토종 민물고기입니다. 서해와 남해로 흘러드는 대부분의 강에 분포하지요. 물이 맑고 물풀이 우거진 환경을 좋아합니다. 주로 수심 50센티미터 안팎인 곳에서 많이 찾아볼 수 있지요. 줄납자루는 몸길이 10~16센티미터까지 자라납니다. 기다란 유선형 몸이 옆으로 납작하며, 보통 크기의 머리에 주둥이가 뾰족한 편이지요. 또한 1쌍의 짧은 입수염을 가졌고, 옆줄이 뚜렷합니다. 몸 중앙에는 폭이 제법 넓은 1개의 등지느러미가 위치하며, 꼬리지느러미도 몸높이만큼 퍼져 있지요. 꼬리자루도 두툼하고요. 그와 달리 가슴지느러미는 폭이 좁습니다. 줄납자루의 몸 색깔은 등 쪽이 어두운 갈색이고, 배 부분은 은백색에 가깝습니다. 여기에 아가미뚜껑 옆에는 거무스름한 반점이 있고, 옆구리를 중심으로 여러 줄무늬가 보이기도 하지요. 줄납자루의 주요 먹이는 수생곤충과 부착조류 등입니다. 산란기는 4~6월로, 암컷이 산란관을 이용해 조개 몸 안에 알을 낳습니다. 그 후 수컷은 조개 곁을 떠나지 않은 채 한동안 보호 활동을 펼치는 습성이 있지요.

분류	동물계 〉 척삭동물문 〉 경골어강 〉 잉어과	사는곳	한국	크기	몸길이 10~16센티미터
먹이	수생곤충, 부착조류 등				

중고기

우리나라 고유의 토종 민물고기입니다. 서해와 남해로 흘러드는 여러 하천에 분포하지요. 물살이 느리고 물풀이 많으며, 바닥에 진흙 섞인 모래와 자갈이 깔린 환경을 좋아합니다. 중고기 성체의 몸길이는 10~16센티미터 정도입니다. 기다란 원통형 몸이 옆으로 납작한 모습이지요. 주둥이가 짧고 둥글며, 입과 눈이 작고, 1쌍의 입수염을 가졌습니다. 하지만 중고기의 입수염은 아주 미세해 없는 것처럼 보이지요. 또한 비늘이 제법 크고, 옆줄이 뚜렷합니다. 몸 중앙에는 삼각형 모양의 등지느러미가 1개 있고, 맞은편에 배지느러미가 위치하지요. 뒷지느러미는 등지느러미와 비슷한데 크기가 약간 작습니다. 중고기의 몸 색깔은 등 쪽이 녹갈색이고, 배 부분은 은백색을 띱니다. 여기에 몸에는 어두운 줄무늬가 불규칙하게 얼룩져 있지요. 번식기의 수컷은 몸에 붉은빛을 띠는 특징도 있습니다. 중고기의 주요 먹이는 수생곤충, 민물새우, 실지렁이 등이지요. 산란기는 5~6월이며, 암컷이 긴 산란관을 이용해 조개 몸속에 알을 낳습니다.

분류 ▶ 동물계 〉 척삭동물문 〉 경골어강 〉 잉어과   **사는곳** ▶ 한국   **크기** ▶ 몸길이 10~16센티미터

먹이 ▶ 수생곤충, 민물새우, 실지렁이 등

찬넬동자개

원래는 미국 중부 지역을 중심으로 분포했으나, 지금은 전 세계 각지에서 볼 수 있습니다. 양식하기 위해 들여온 것이 자연 환경에서도 번식했기 때문이지요. 주로 하천 하류에 서식하는데, 수온이 30도 가까운 곳에서 활발한 움직임을 보입니다. 찬넬동자개의 겉모습은 얼핏 메기와 동자개를 합쳐놓은 듯합니다. 특히 메기를 닮은 까닭에 한동안 '찬넬메기', '붕메기', '파랑메기'라고 불리기도 했지요. 성체의 몸길이가 70~100센티미터까지 자라는 대형 민물고기 중 하나입니다. 찬넬동자개는 3쌍의 입수염을 가졌고, 등지느러미 뒤쪽에 기름지느러미가 있지요. 꼬리지느러미는 가운데가 깊이 파이고 끝이 뾰족합니다. 몸 색깔은 등 부분이 흑갈색을 띠고, 배 쪽은 회백색에 가깝지요. 찬넬동자개의 주요 먹이는 작은 물고기, 수생곤충, 민물새우 등입니다. 산란기는 5~7월로, 포도송이처럼 뭉친 형태로 알을 낳지요. 찬넬동자개는 워낙 따뜻한 물을 좋아해 우리나라의 자연에서는 번식이 잘 이루어지지 않는다고 합니다.

분류 ▶ 동물계 〉 척삭동물문 〉 경골어강 〉 찬넬동자개과　　**사는곳** ▶ 전 세계의 따뜻한 하천　　**크기** ▶ 몸길이 70~100센티미터

먹이 ▶ 작은 물고기, 수생곤충, 민물새우 등

참붕어

한국, 중국, 대만, 일본, 러시아 등에 분포합니다. 한반도에는 전 지역의 하천에 두루 서식하지요. 물살이 세지 않은 강 하류와 연못, 저수지 같은 곳을 좋아합니다. 참붕어는 몸길이가 6~8센티미터밖에 되지 않는 소형 민물고기입니다. 이름에 어울리지 않게 몸의 형태도 일반적인 붕어와 달라, 옆으로 납작한 몸의 높이가 낮고 기다란 편이지요. 또한 머리가 작고, 눈이 크며, 뾰족한 입 주변에는 수염이 없습니다. 비늘의 가장자리가 검은빛을 띠는 것도 개성적인 모습이지요. 몸 가운데를 가로질러 어두운 줄무늬가 보이기도 하고요. 잘 발달한 1개의 등지느러미와 배지느러미는 몸 중앙에서 대칭을 이룹니다. 참붕어의 몸 색깔은 전체적으로 은백색이지만, 등 부분은 짙은 갈색을 띱니다. 번식기가 되면 수컷의 경우 몸 색깔에 검은빛이 강해지지요. 참붕어는 평소 무리지어 생활하면서 수생곤충, 부착조류, 다른 물고기의 알 등을 주요 먹이로 삼습니다. 산란기는 5~7월로, 암컷이 돌멩이나 물풀에 알을 낳아놓으면 수컷이 부활할 때까지 지키는 습성이 있지요.

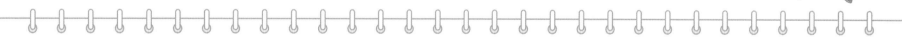

분류	동물계 〉 척삭동물문 〉 경골어강 〉 잉어과	사는곳	한국, 중국, 대만, 일본, 러시아 등	크기	몸길이 6~8센티미터
먹이	수생곤충, 부착조류, 다른 물고기의 알 등				

참종개

우리나라 고유의 토종 민물고기입니다. 한강, 금강, 임진강, 만경강, 동진강 등에 분포하지요. 주로 하천 중·상류의 물이 맑고 바닥에 모래와 자갈이 깔린 환경을 좋아합니다. 참종개는 몸길이 7~12센티미터까지 자라납니다. 원통형의 기다란 몸이 옆으로 약간 납작한 모습이지요. 앞으로 튀어나온 주둥이의 끝은 둥글고, 3쌍의 입수염을 가졌습니다. 또한 눈 아래쪽에 작은 가시 같은 것이 보이며 옆줄이 가슴지느러미를 넘지 못할 만큼 불완전하지요. 등지느러미는 몸 중앙에 위치하고, 맞은편에 배지느러미가 있습니다. 꼬리지느러미는 가운데가 전혀 갈라지지 않은 모습이지요. 참종개의 몸 색깔은 전체적으로 연한 황갈색을 띱니다. 여기에 등과 옆구리를 중심으로 진한 갈색의 반점들이 흩어져 있지요. 머리 쪽에도 검은 줄무늬와 작은 반점들이 보이고요. 참종개의 주요 먹이는 수생곤충과 부착조류입니다. 천적이 나타나면 주둥이를 이용해 하천 바닥으로 파고들지요. 산란기는 6~7월로 알려져 있습니다.

분류	동물계 > 척삭동물문 > 경골어강 > 미꾸리과	사는곳	한국	크기	몸길이 7~12센티미터
먹이	수생곤충, 부착조류				

치리

우리나라 고유의 토종 민물고기입니다. 한강과 금강을 중심으로 분포하지요. 물 흐름이 느린 하천이나 연못, 저수지 등에 주로 서식합니다. 치리의 몸길이는 14~20센티미터까지 성장합니다. 제법 기다란 몸이 옆으로 납작하며, 눈이 크고 주둥이 끝이 갸름하지요. 아래턱이 위턱보다 약간 튀어나왔고, 입수염은 없습니다. 또한 비늘이 크고, 옆줄이 뚜렷하며, 가슴지느러미 끝에서 항문까지 융기연이 보입니다. 여기서 융기연이란, 가장자리 부분이 칼날 같은 돌기를 가리키지요. 몸 중앙에 위치한 1개의 등지느러미와 두 갈래로 분명하게 갈라진 꼬리지느러미도 개성 있는 모습입니다. 치리의 몸 색깔은 등 쪽이 청갈색을 띠고, 배 부분은 은백색입니다. 배 쪽을 중심으로 광택이 나기도 하지요. 치리의 주요 먹이는 수생곤충과 부착조류 등입니다. 산란기는 6~7월로, 물풀 사이에 알을 낳습니다.

분류	동물계 〉 척삭동물문 〉 경골어강 〉 잉어과	사는곳	한국	크기	몸길이 14~20센티미터
먹이	수생곤충, 부착조류 등				

칠성장어

우리나라를 비롯해 일본, 러시아, 캐나다 등에 분포합니다. 알에서 부화한 다음 약 4년 정도 자란 후 바다로 삶의 터전을 옮기지요. 이때 몸길이가 10센티미터 조금 넘는데, 바다에서 2~3년 생활하면 몸길이 40~60센티미터까지 성장합니다. 그렇게 성체가 된 칠성장어는 다시 강으로 올라와 산란한 뒤 죽음을 맞지요. 칠성장어는 뱀장어처럼 가늘고 기다란 몸을 가졌습니다. 2개의 등지느러미가 있지만, 가슴지느러미와 배지느러미는 없지요. 비늘도 없고요. 또한 턱이 없는 대신 입빨판이 있고, 이빨이 매우 날카롭습니다. 양 옆구리에는 일곱 쌍의 아가미구멍이 보이는데, 그와 같은 특징 때문에 칠성장어라는 이름이 붙게 됐지요. 몸 색깔은 등 쪽이 연한 갈색을 띠고, 배 부분은 흰색에 가깝습니다. 칠성장어는 야행성이며, 독특한 먹이 활동을 하는 것으로 잘 알려져 있습니다. 알에서 부화해 강에서 사는 기간에는 주로 진흙 속의 유기물을 걸러 먹지요. 그리고 바다로 내려가 생활할 때는 다른 물고기의 몸에 입빨판을 붙여 영양분을 빨아먹습니다.

분류	동물계 〉 척삭동물문 〉 칠성장어강 〉 칠성장어과	**사는곳**	한국, 일본, 러시아, 캐나다 등	**크기**	몸길이 40~60센티미터
먹이	진흙 속 유기물, 다른 물고기의 영양분				

칼납자루

우리나라 고유의 토종 민물고기입니다. 서해와 남해로 흘러드는 여러 하천에 분포하지요. 하천 중·상류의 물이 맑고 바닥에 자갈이 깔린 환경을 좋아합니다. 대개 소규모로 무리를 이루어 다니며 먹이 활동을 하지요. 칼납자루는 몸길이 7~8센티미터까지 자라납니다. 위아래 폭이 넓은 달걀형 몸이 옆으로 납작한 모습이지요. 눈은 비교적 크고, 주둥이 끝이 둥글며, 1쌍의 기다란 입수염을 가졌습니다. 또한 옆줄이 뚜렷하고, 비늘의 크기가 큰 편이지요. 몸 중앙에서 시작된 등지느러미는 폭이 제법 넓고, 뒷지느러미도 그와 비슷합니다. 가슴지느러미와 배지느러미는 상대적으로 작지요. 짧고 굵은 꼬리자루는 두 갈래로 갈라진 꼬리지느러미와 잇닿아 있고요. 칼납자루의 몸 색깔은 전체적으로 황갈색을 띠는데, 배 쪽으로 갈수록 농도가 옅어집니다. 수컷의 경우 번식기가 되면 황갈색의 농도가 좀 더 어두운 빛으로 바뀌지요. 칼납자루의 주요 먹이는 수생곤충과 부착조류 등입니다. 산란기는 5~6월로, 암컷이 산란관을 이용해 조개의 몸속에 알을 낳지요.

분류 ▶ 동물계 〉 척삭동물문 〉 경골어강 〉 잉어과   **사는곳** ▶ 한국   **크기** ▶ 몸길이 7~8센티미터

먹이 ▶ 수생곤충, 부착조류 등

큰줄납자루

우리나라 고유의 토종 민물고기입니다. 섬진강과 낙동강 등에 분포하지요. 낙동강에는 줄납자루도 서식하는데, 큰줄납자루는 그보다 수심이 더 깊은 곳에서 발견됩니다. 특히 바닥에 큰 돌이 많이 깔려 있는 환경을 좋아하지요. 큰줄납자루는 몸길이 9~11 센티미터까지 성장합니다. 위아래 폭이 약간 넓은 달걀형 몸이 옆으로 납작하지요. 머리가 작고 주둥이가 뾰족하게 튀어나와 있는 모습입니다. 아울러 눈이 크며, 입 주변에 1쌍의 입수염이 있고, 옆줄이 뚜렷하지요. 비늘도 몸에 비해 큰 편입니다. 제법 폭이 넓은 1개의 등지느러미는 몸 중앙에서 시작되고, 다른 지느러미들도 잘 발달했지요. 가슴지느러미는 폭이 좁고 길쭉한 형태입니다. 큰줄납자루의 몸 색깔은 전체적으로 은빛이 감도는 옅은 초록색을 띱니다. 배 부분은 은백색에 가깝고요. 옆구리에서는 가늘고 기다란 짙은 초록색 줄무늬를 볼 수 있지요. 큰줄납자루의 주요 먹이는 수생곤충과 부착조류 등입니다. 산란기는 5~6월로, 암컷이 산란관을 이용해 조개의 몸속에 알을 낳지요.

분류 ▶ 동물계 〉 척삭동물문 〉 경골어강 〉 잉어과   **사는곳** ▶ 한국   **크기** ▶ 몸길이 9~11센티미터

먹이 ▶ 수생곤충, 부착조류 등

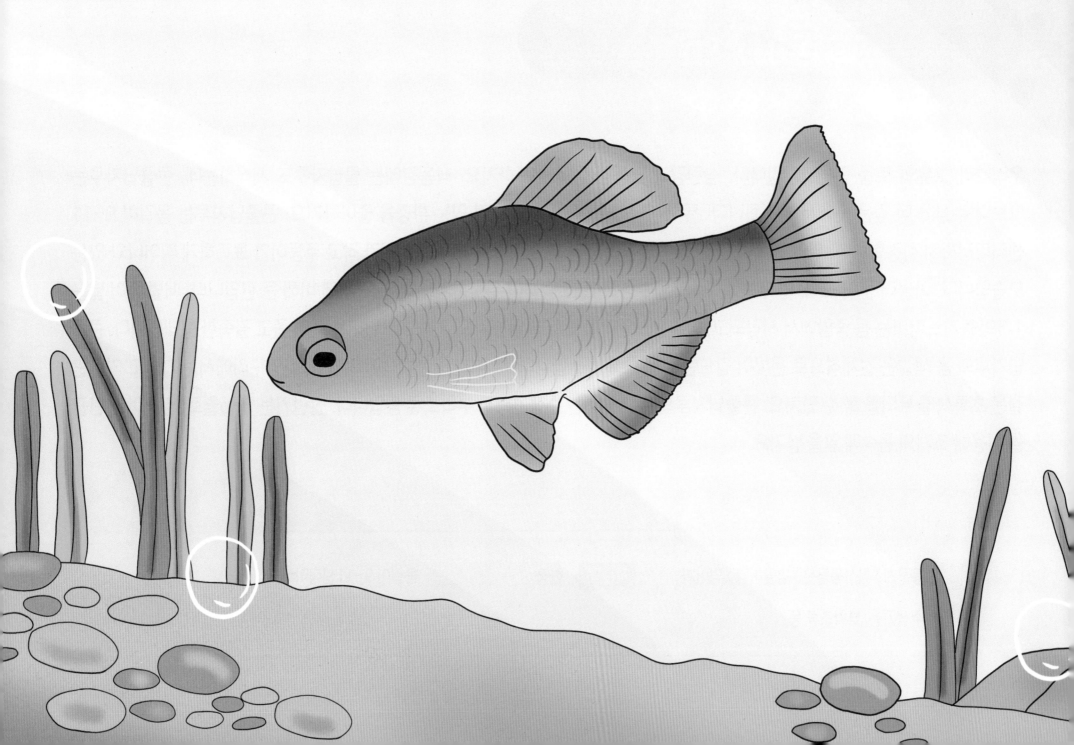

떡납줄갱이

북한 지역을 포함한 우리나라 각 하천과 중국에 주로 분포합니다. 유선형 몸이 옆으로 납작한 모습이지요. 불완전한 옆줄을 가졌으며, 가장자리가 둥그스름한 등지느러미와 뒷지느러미를 볼 수 있습니다. 또한 등지느러미 앞쪽에 반점이 있는 것이 암컷, 그와 같은 반점이 없거나 희미한 것이 수컷이라는 특징이 있지요. 몸 색깔은 등 부분이 옅은 갈색을 띠며, 배 쪽은 흰색에 가까운 회색빛입니다. 떡납줄갱이는 몸길이 약 46~48센티미터까지 성장합니다. 대개 암컷이 수컷보다 조금 크지요. 성체가 된 암컷은 기다란 산란관을 조개 속에 집어넣어 알을 낳는 습성이 있습니다. 물의 속도가 느리고 물풀이 많은 곳이라면 산란 환경으로 안성맞춤이지요. 산란기는 수온이 따뜻한 4~7월입니다. 이 무렵 성체의 지느러미 곳곳에는 붉은빛이 감돕니다. 떡납줄갱이는 물풀 주변에 많은 수생 곤충과 플랑크톤 등을 즐겨 먹습니다. 지역에 따라 '돌납저리'라고도 부르며, 관상어로도 제법 인기를 끌고 있습니다.

분류 동물계 〉 척삭동물문 〉 경골어강 〉 잉어과　　**사는곳** 한반도 및 중국 등　　**크기** 몸길이 46~48센티미터

먹이 수생 곤충, 플랑크톤 등

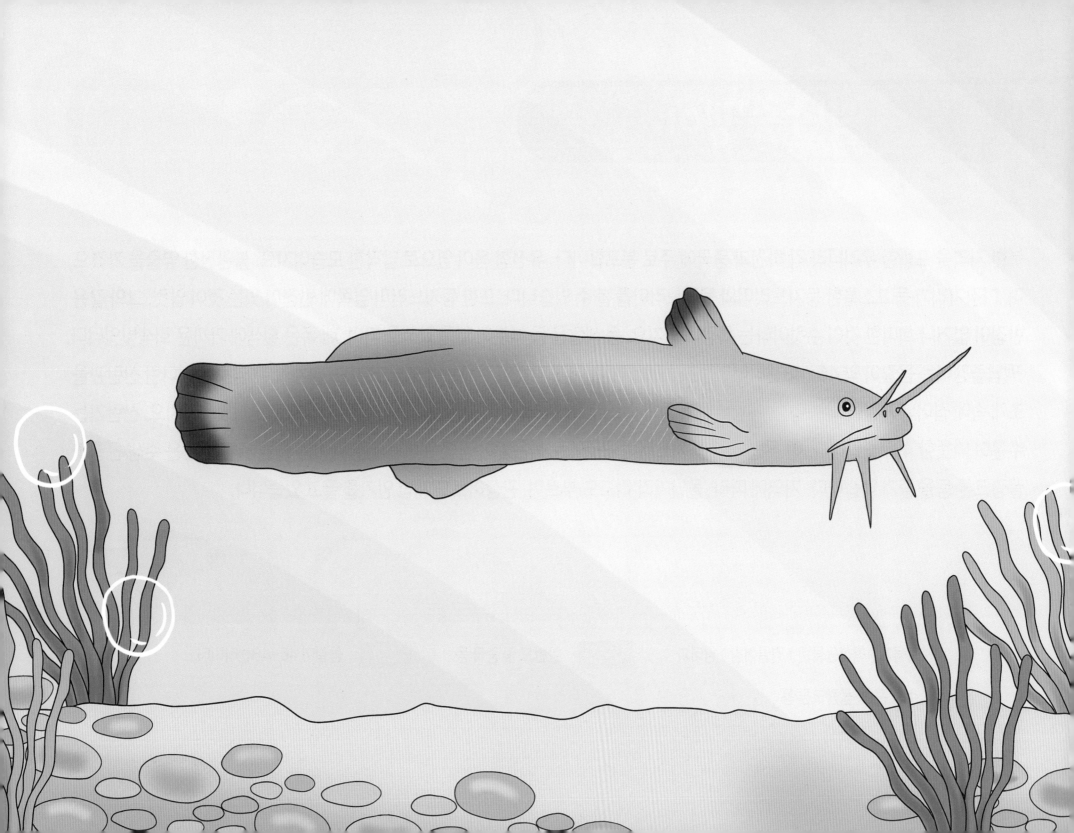

퉁가리

우리나라 고유의 토종 민물고기입니다. 주로 한반도 중부 지역의 하천에 분포하지요. 강의 중·상류처럼 물이 맑고 바닥에 자갈이 깔린 곳을 좋아합니다. 메기와 비슷하게 생겼지만 크기가 좀 작고 몸 색깔도 다르지요. 퉁가리의 몸길이는 10~15센티미터까지 자라납니다. 제법 길고 옆으로 납작한 몸에, 위아래로 눌린 머리를 가졌지요. 그 밖에 눈이 작고, 주둥이가 납작하며, 4쌍의 입수염이 있습니다. 옆줄은 거의 보이지 않고, 비늘도 없지요. 또한 등지느러미가 몸 앞쪽에 치우쳐 위치하고, 가슴지느러미에 굵고 단단한 가시가 보입니다. 사람이 이 가시에 찔리면 극심한 통증을 느끼게 되지요. 퉁가리의 몸 색깔은 전체적으로 황갈색을 띠면서 이렇다 할 무늬가 없습니다. 다만 배 부분은 황갈색의 농도가 옅어 노란색에 가깝지요. 퉁가리의 주요 먹이는 작은 물고기와 수생곤충 등입니다. 산란기는 5~6월로, 암컷이 물속 돌멩이에 붙여놓는 방식으로 알을 낳지요.

분류	동물계 〉 척삭동물문 〉 경골어강 〉 퉁가리과	사는곳	한국	크기	몸길이 10~15센티미터
먹이	작은 물고기, 수생곤충 등				

퉁사리

우리나라 고유의 토종 민물고기입니다. 물이 맑고 물살이 세지 않으며, 강바닥에 자갈이 많은 곳에 주로 서식하지요. 우리나라에서도 일부 강에서만 볼 수 있을 만큼 개체 수가 적어 멸종 위기 야생생물 1급으로 지정되었습니다. 퉁사리는 몸길이 7~10센티미터까지 성장합니다. 기다란 원통형 몸이 옆으로 약간 납작한데, 머리는 위아래로 눌린 모습이지요. 눈이 작고, 4쌍의 입수염이 있으며, 몸에는 비늘이 없습니다. 또한 가슴지느러미의 끝이 가시처럼 날카롭고, 그 안쪽에는 3~5개의 톱니가 보이지요. 꼬리지느러미와 맞닿아 있는 기름지느러미도 눈에 띄는 특징입니다. 몸 색깔은 전체적으로 황갈색을 띠는데, 배 쪽으로 갈수록 농도가 옅어지지요. 퉁사리는 야행성이라 대개 밤에 먹이 활동을 합니다. 다른 물고기의 치어나 수생곤충 등을 즐겨 잡아먹지요. 산란기는 5~6월입니다. 그런데 퉁사리 암컷은 알을 낳자마자 자리를 떠나는 여느 물고기와 달리, 계속 산란 장소에 남아 알을 보호하는 습성이 있습니다.

분류	동물계 〉 척삭동물문 〉 경골어강 〉 퉁가리과	사는곳	한국	크기	몸길이 7~10센티미터
먹이	다른 물고기의 치어, 수생곤충 등				

피라미

한국, 중국, 일본, 대만 등의 하천에 분포합니다. 바닥이 모래나 작은 자갈로 된 흐르는 물에 서식하지요. 주로 물 흐름이 완만한 하천 중류에서 무리를 지어 생활합니다. 피라미는 몸길이 8~12센티미터까지 성장합니다. 몸이 길고 옆으로 납작하며, 반짝이는 육각형의 비늘을 가졌지요. 또한 몸 중앙에 1개의 등지느러미가 있고, 뒷지느러미가 큰 편입니다. 그 밖에 주둥이가 날렵하고 입은 작지요. 몸 색깔은 등 쪽이 청갈색, 배 부분은 은백색을 띱니다. 옆구리를 중심으로는 어두운 줄무늬가 10여 개 남짓 보이지요. 수컷의 경우 이 부분에 약간 붉은빛이 돌기도 합니다. 피라미의 주요 먹이는 바위나 자갈 표면에 붙어 자라는 수생식물을 비롯해 각종 미생물, 수생곤충 등입니다. 산란기는 6~8월이며, 2년쯤 자라야 성체가 되지요. 참고로, 피라미는 갈겨니와 모습이 비슷합니다. 다만 옆구리의 줄무늬와 색깔이 다르지요. 흔히 '피래미'라고도 하는데, 표준어가 아니라 사투리입니다.

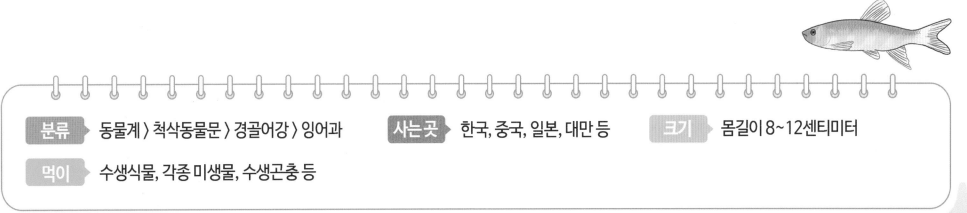

분류	동물계 〉 척삭동물문 〉 경골어강 〉 잉어과	사는곳	한국, 중국, 일본, 대만 등	크기	몸길이 8~12센티미터
먹이	수생식물, 각종 미생물, 수생곤충 등				

한강납줄개

우리나라 고유의 토종 민물고기입니다. 지금은 남한강 일부 지역에서만 모습을 발견할 수 있지요. 그런 까닭에 멸종 위기 야생생물 2급으로 지정해 보호하고 있습니다. 이 어류는 물살이 느리고 물풀이 많은 강 하류의 환경을 좋아하지요. 한강납줄개는 성체의 몸 길이가 5~9센티미터밖에 되지 않습니다. 달걀처럼 생긴 타원형 몸이 옆으로 납작하지요. 작은 머리에 비해 눈이 크고, 조그마한 입 주변에 수염은 없습니다. 또한 옆줄이 거의 보이지 않고, 크고 둥근 비늘을 가졌지요. 몸 중앙에서 시작되는 1개의 폭 넓은 등지느러미와 기다란 꼬리자루도 눈에 띄는 특징입니다. 뒷지느러미는 등지느러미와 비슷한 모습이고, 배지느러미와 가슴지느러미는 작은 편이지요. 한강납줄개의 몸 색깔은 등 쪽이 어두운 갈색을 띠고, 배 부분은 은백색입니다. 여기에 몸 뒷부분에 짙은 청색의 줄무늬가 보이지요. 한강납줄개의 주요 먹이는 곤충의 유충, 수생곤충, 부착조류, 동·식물성 플랑크톤 등입니다. 산란기는 4~6월 로, 암컷이 산란관을 이용해 조개 몸속에 15~40개의 알을 낳지요.

분류	동물계 〉 척삭동물문 〉 경골어강 〉 잉어과	사는곳	한국	크기	몸길이 5~9센티미터
먹이	곤충의 유충, 수생곤충, 부착조류, 동·식물성 플랑크톤 등				

한둑중개

한국, 일본, 러시아 연해주 등에 분포합니다. 주로 물살이 빠르고 바닥에 자갈이 깔린 하천 중하류에 서식하지요. 현재 우리나라에서는 멸종 위기 야생생물 2급으로 지정해 보호하고 있습니다. 한둑중개는 몸길이 8~14센티미터까지 자라납니다. 옆으로 약간 납작한 기다란 원통형 몸에, 위아래로 눌린 보통 크기의 머리를 가졌지요. 또한 눈이 작고, 몸에 비늘이 없으며, 2개의 등지느러미가 등 부분을 거의 덮고 있습니다. 두 번째 등지느러미와 뒷지느러미는 크기가 비슷하고, 가슴지느러미도 폭이 넓은 편이지요. 한둑중개의 몸 색깔은 등 쪽이 회갈색을 띠며, 배 부분은 연둣빛이 살짝 도는 연한 갈색입니다. 여기에 몸에 나타나 있는 여러 줄의 흑갈색 줄무늬가 개성적인 모습이지요. 한둑중개는 대체로 수생곤충을 즐겨 잡아먹습니다. 산란기는 3~6월로, 강바닥의 큰 돌 밑에 알을 낳지요.

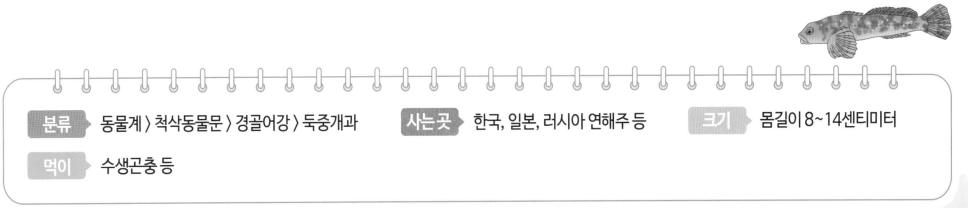

분류	동물계 〉 척삭동물문 〉 경골어강 〉 둑중개과	**사는곳**	한국, 일본, 러시아 연해주 등	**크기**	몸길이 8~14센티미터
먹이	수생곤충 등				

향어

흔히 '이스라엘잉어' 또는 '독일잉어'라고도 합니다. 이스라엘과 독일에서 잉어를 개량해 만든 품종이지요. 한국, 일본, 유럽 등에 분포합니다. 우리나라에는 1970년대 양식을 목적으로 들여온 것이 자연에서도 번식했지요. 주로 물살이 세지 않고 바닥이 진흙으로 이루어진 하천이나 호수 등에 서식합니다. 향어는 몸길이 30~50센티미터까지 성장합니다. 위아래 폭이 넓은 방추형 몸에, 둥근 주둥이와 2쌍의 입수염을 가졌지요. 또한 몸 중앙에서 시작하는 1개의 기다란 등지느러미와 비슷한 크기의 배지느러미, 뒷지느러미가 있습니다. 대개 등지느러미 아래쪽에만 큰 비늘이 드문드문 있고 다른 부분에는 비늘이 거의 보이지 않지요. 향어의 주요 먹이는 작은 물고기, 수생곤충, 새우, 조개, 수생식물 등입니다. 양식을 위해 개량한 만큼 잉어에 비해 성장 속도가 2배 이상 빠르지요. 수온과 먹이 등 서식 환경이 적절하면 몸무게 1킬로그램 안팎까지 무리 없이 자라납니다. 산란기는 5~6월이지요.

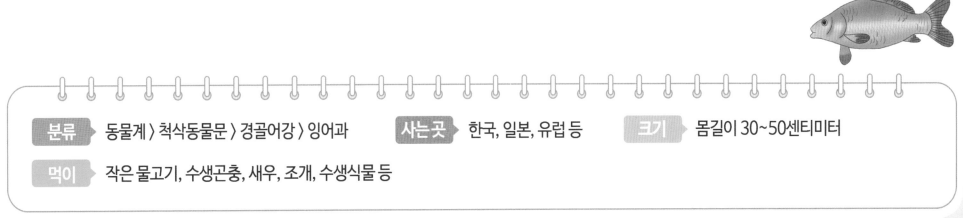

분류 ▶ 동물계 〉 척삭동물문 〉 경골어강 〉 잉어과   **사는곳** ▶ 한국, 일본, 유럽 등   **크기** ▶ 몸길이 30~50센티미터

먹이 ▶ 작은 물고기, 수생곤충, 새우, 조개, 수생식물 등

황복

우리나라와 중국 해역에 분포합니다. 번식 과정은 강에서 이루어지지만 일생의 대부분을 바다에서 보내지요. 산란기는 4~6월인데, 황복의 치어는 알에서 깨어난 뒤 얼마 지나지 않아 바다로 내려가 생활합니다. 여러 복어 종류들이 그렇듯 난소와 간, 피부 등에 독이 있어 음식물로 섭취할 때는 각별한 주의가 필요하지요. 황복은 몸길이 45센티미터 안팎까지 성장합니다. 기다란 원통형 몸이 머리 부분은 둥글고 굵으며 꼬리 쪽으로 갈수록 점점 가늘어지지요. 1개의 등지느러미가 꼬리자루 가까이 위치하고, 그 맞은편에 뒷지느러미가 있습니다. 가슴지느러미와 꼬리지느러미도 발달했지만 배지느러미는 보이지 않지요. 피부에 빼곡히 나 있는 작은 가시들도 눈에 띄는 특징입니다. 황복의 몸 색깔은 등 쪽이 흑갈색을 띠고, 배 부분은 하얗습니다. 여기에 가슴지느러미와 뒷지느러미 근처에 검은 반점이 있지요. 또한 입에서 꼬리자루까지 옆구리에는 노란색 줄무늬가 도드라져 보입니다. 황복의 주요 먹이는 다른 어류의 알과 치어, 새우, 게 등이지요. 현재 우리나라에서는 개체 수가 부쩍 줄어들어 환경부에서 보호 어종으로 지정했습니다.

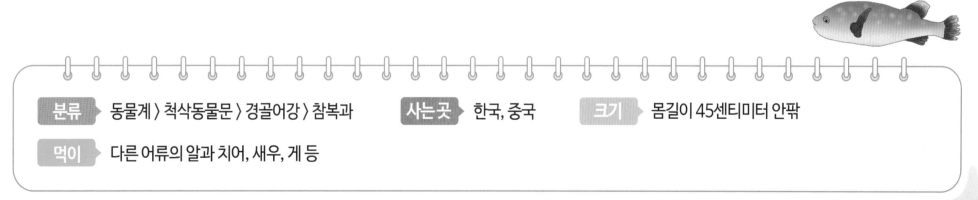

분류 동물계 〉 척삭동물문 〉 경골어강 〉 참복과   **사는곳** 한국, 중국   **크기** 몸길이 45센티미터 안팎

먹이 다른 어류의 알과 치어, 새우, 게 등

황쏘가리

한국의 토종 민물고기입니다. 쏘가리와 여러모로 닮았지만, 옆으로 좀 더 납작하게 눌린 모습이지요. 우리나라의 한강을 중심으로 하천 중상류에 주로 서식하며, 천연기념물 제190호로 지정되어 있습니다. 오래 전부터 사람들의 무분별한 남획과 배스, 블루길 등 외래종의 영향으로 개체 수가 부쩍 줄어들었지요. 황쏘가리는 몸길이 20~60센티미터까지 성장합니다. 치어 때는 쏘가리처럼 얼룩 덜룩한 무늬가 나타나지만, 자라나면서 그것이 점점 옅어지고 몸 색깔이 전체적으로 황금색을 띠지요. 다만 일부 개체는 황금색 바탕에 진한 갈색 얼룩무늬가 섞여 있기도 합니다. 이 민물고기는 겉모습이 독특하고 아름다워 관상어로 키우는 경우도 흔하지요. 황쏘가리는 대개 밤에 먹이 활동을 하면서 작은 물고기와 민물새우, 수생곤충 등을 즐겨 잡아먹습니다. 산란기는 5~7월로, 바닥에 자갈이 깔린 여울에 알을 낳지요.

분류 ▶ 동물계 〉 척삭동물문 〉 경골어강 〉 농어과   **사는곳** ▶ 한국   **크기** ▶ 몸길이 20~60센티미터

먹이 ▶ 작은 물고기, 민물새우, 수생곤충 등

흰수마자

우리나라 고유의 토종 민물고기입니다. 임진강, 한강, 금강, 낙동강 등에 분포하지요. 하천의 여울이면서 바닥에 모래가 깔린 환경을 좋아합니다. 현재 멸종 위기 야생생물 1급으로 지정해 보호하고 있지요. 흰수마자는 몸길이 6~9센티미터까지 자라납니다. 원통형의 기다란 몸이 머리 부분은 위아래로 납작하며, 뒤로 갈수록 옆으로 눌린 형태지요. 모두 4쌍의 입수염을 가졌는데, 그 중 1쌍은 입꼬리에 있고 3쌍은 아래턱에 위치합니다. 아래턱의 수염은 하얗고 길지요. 흰수마자라는 이름이 그와 같은 모습에서 비롯되었는데, '흰 수염의 민물고기'라는 뜻이 담겨 있습니다. 그 밖에 이 어류는 옆줄이 뚜렷하며, 기와 모양의 비늘이 크고, 1개의 등지느러미와 더불어 각 지느러미들이 발달했지요. 흰수마자의 몸 색깔은 등 쪽이 연한 갈색이고, 아래로 내려올수록 농도가 옅어져 배 부분은 은백색을 띱니다. 주요 먹이는 수생곤충, 곤충의 유충, 실지렁이 등이지요. 산란기는 6~7월로, 한 마리의 암컷이 평균적으로 2천~3천 개의 알을 낳습니다.

분류	동물계 〉 척삭동물문 〉 경골어강 〉 잉어과	사는곳	한국	크기	몸길이 6~9센티미터
먹이	수생곤충, 곤충의 유충, 실지렁이 등				